H. JOULIE & CIE

PETIT GUIDE

POUR L'EMPLOI

DES

ENGRAIS CHIMIQUES

D'APRÈS

LE SYSTÈME DE M. G. VILLE

CONTENANT

Tous les renseignements indispensables pour l'application des nouvelles méthodes de culture et d'analyse du sol

TROISIÈME ÉDITION

MAISON DE VENTE DES ENGRAIS CHIMIQUES
A PARIS-LA VILLETTE
10 bis, Quai de la Marne, 10 bis

MDCCCLXIX

DÉPOSÉ

PETIT GUIDE

POUR L'EMPLOI

DES

ENGRAIS CHIMIQUES

D'APRÈS

LE SYSTÈME DE M. G. VILLE

REPRODUCTION TEXTUELLE

Paris. — Imp. A. Wittersheim et Cie, quai Voltaire, 31

H. JOULIE & Cie

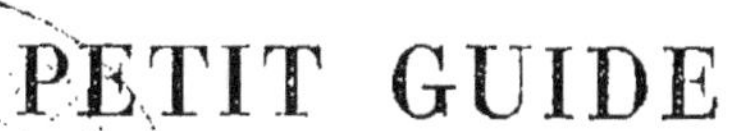

PETIT GUIDE

POUR L'EMPLOI

DES

ENGRAIS CHIMIQUES

D'APRÈS

LE SYSTÈME DE M. G. VILLE

CONTENANT

Tous les renseignements indispensables pour l'application des nouvelles méthodes de culture et d'analyse du sol

TROISIÈME ÉDITION

MAISON DE VENTE DES ENGRAIS CHIMIQUES

A PARIS-LA VILLETTE

10 bis, Quai de la Marne, 10 bis

MDCCCLXIX

DÉPOSÉ

Les engrais chimiques ne sont plus une nouveauté· Grâce aux persévérants travaux poursuivis depuis plus de vingt ans par M. Georges VILLE, leur savant et ardent promoteur, grâce aussi aux polémiques souvent violentes mais toujours pleines d'intérêt, qu'ils ont soulevées, tout le monde les connaît aujourd'hui au moins théoriquement. Pratiquement ils sont appréciés de tous ceux qui les ont étudiés et, s'ils ont encore des détracteurs, c'est uniquement parmi les personnes qui ne les ont pas employés ou qui en ont fait usage sans s'être conformées aux indications très-précises que nous devons au savant professeur du Muséum.

En donnant cette troisième édition de notre petit Guide nous ne voulons pas, plus que dans les précédentes, entrer dans des détails scientifiques que l'on trouvera dans les ouvrages de M. Georges VILLE, beaucoup mieux exposés que nous ne saurions le faire, et qui feraient perdre à notre opuscule le caractère essentiellement pratique que nous désirons lui conserver. Nous y introduisons toutefois beaucoup de renseignements nouveaux que notre correspondance agricole et nos recherches industrielles nous ont fait acquérir et qui permettront à nos lecteurs de se diriger avec une pleine connaissance de cause dans le maniement de ces précieux agents dont on ne saurait trop, selon nous, répandre l'usage.

RENSEIGNEMENTS TECHNIQUES

GÉNÉRALITÉS

Parmi les nombreux éléments qui concourent à former les végétaux, les uns leur sont fournis en abondance par l'air et par l'eau ; d'autres se trouvent dans toutes les terres arables en quantités suffisantes pour fournir, pendant des siècles, à tous les besoins de la végétation. Quelques-uns enfin, bien que très-répandus dans la nature, sont cependant exposés à faire défaut. Ce sont la *potasse*, la *chaux*, l'*acide phosphorique* et les composés *azotés* (sels ammoniacaux ou nitrates).

C'est la présence dans le sol de ces divers agents, *sous leurs formes assimilables*, qui assure sa fécondité. Que l'un d'eux fasse défaut, et le sol, bien que très-largement pourvu de tous les autres, se trouve frappé de stérilité.

Les récoltes font une consommation très-importante de ces quatre substances, si bien qu'un sol primitivement fertile s'en épuise assez rapidement, si on le cultive sans les lui restituer.

C'est au moyen du fumier de ferme que s'opère ordinairement cette restitution ; mais elle est insuffisante, car le fumier, produit par les résidus des récoltes, ne rapporte jamais au sol qu'une partie des éléments que les récoltes lui avaient empruntés.

Pour maintenir et augmenter la fertilité du sol, tout le monde reconnaît aujourd'hui la nécessité de recourir aux engrais industriels, et ces derniers n'ont de valeur réelle qu'autant qu'ils contiennent, *sous une forme assimilable*, une ou plusieurs des quatre substances indispensables à l'entretien de la vie végétale.

Dès lors, le plus simple n'est-il pas d'employer directement des produits chimiques renfermant en grande quantité les quatre substances utiles ? Sans aucun doute ; mais il ne suffit pas, pour produire sur la végétation un grand effet utile au meilleur marché possible, de prendre dans le commerce les produits qui contiennent ces divers éléments sous des formes quelconques et de les mélanger au hasard. La forme saline de chaque élément exerce une très-grande influence sur son assimilabilité; aussi, la forme la plus utile, ainsi que les proportions les plus convenables, tant au point de vue de l'effet que de l'économie, ont dû être déterminées avec les plus grands soins, et nous ne saurions trop mettre les agriculteurs en garde contre des engrais chimiques d'un prix séduisant, mais d'une composition mal combinée.

Une substance quelconque ne peut être absorbée par les racines des plantes qu'à la condition d'être plus ou moins soluble dans l'eau. C'est donc parmi les sels solubles qu'il faut rechercher les aliments des végétaux.

Mais il ne suffit pas qu'une substance puisse pénétrer dans le végétal pour qu'elle soit en même temps capable d'entretenir sa vie et de concourir à son développement. Il faut encore que cette substance soit dans un état chimique qui lui permette de se décomposer facilement et de livrer ses éléments à des combinaisons nouvelles, qui se font et défont constamment au sein de la plante, et y donnent naissance aux divers produits que nous lui demandons et dont la génération est, à proprement parler, toute la vie végétale. C'est ce travail incessant de transformations chimiques que les physiologistes ont appelé *assimilation*. Toute substance qui ne peut y concourir est par ce seul fait inassimilable et doit en conséquence être rayée de la liste des aliments des végétaux.

Il importe donc, au plus haut degré, de bien distinguer *l'absorption* et *l'assimilation*, et de ce qu'un corps est absorbable il ne faut pas toujours conclure qu'il est *assimilable*.

Ces principes étant bien établis, nous pouvons à leur lumière passer en revue les diverses sources d'éléments utiles que nous offre l'industrie.

Potasse.

Les sels solubles contenant de la potasse et que l'on peut se procurer facilement en grandes quantités sont :

1° Le chlorure de potassium ou muriate de potasse ;

2° Le sulfate de potasse ;

3° Le carbonate de potasse ou potasse épurée ;

4° La potasse brute, mélange des trois sels précédents avec diverses impuretés et particulièrement avec des sels de soude ;

5° Enfin le nitrate de potasse ou salpêtre.

De tous ces sels le *carbonate* et le *nitrate* sont les seuls dont l'*assimilabilité* soit hors de doute. On pourrait leur substituer avec économie le chlorure et le sulfate, mais la science n'est pas encore suffisamment fixée sur la manière de se comporter de ces deux sels pour que cette substitution soit sans danger. Aussi nous abstiendrons-nous de les faire entrer dans notre fabrication jusqu'à ce que des recherches nouvelles aient établi leur efficacité sur des bases inébranlables.

Un sel qui mériterait une sérieuse attention si l'industrie venait à le produire en grandes quantités et économiquement serait le *silicate de potasse*, car il constitue l'une des meilleures formes sous lesquelles on puisse employer la potasse. Nous nous contenterons de le signaler pour ne nous arrêter qu'au carbonate et au nitrate de potasse, les seuls produits qu'il soit possible aujourd'hui d'employer couramment sans s'exposer à des mécomptes.

Carbonate de potasse. — Le carbonate de potasse se compose d'un équivalent de potasse (KO) pour un équivalent d'acide carbonique (CO^2). Il contient pour 100 parties :

Potasse (KO)	68,16
Acide carbonique (CO^2)	31,84
	100,00

Il n'existe dans l'industrie qu'en mélange avec les sels qui l'accompagnent toujours dans les produits d'où il est extrait. Ces mélanges sont plus ou moins riches en potasse suivant leur origine et suivant le traitement industriel qu'ils ont subi.

Potasse épurée. — La potasse épurée provient du raffinage des salins de betteraves. Voici sa composition déduite de six analyses faites sur des échantillons de diverses provenances :

	Minimum.	Maximum.	Moyenne des 6 analyses.
	—	—	—
Carbonate de potasse. . .	78,10	92,87	87,14
Chlorure de potassium. .	2,61	3,41	3,20
Sulfate de potasse. . . .	0,80	4,62	1,97
Carbonate de soude. . .	1,93	13,33	6,30
Eau et matières insolubles.	0,38	3,05	1,39
			100,00

En calculant la potasse assimilable d'après le carbonate de potasse, on trouve qu'elle varie de 53,23 à 63,30 0/0 et qu'elle est en moyenne de 59,39 0/0.

Le prix élevé et les variations de composition de ce produit le rendent peu propre à la fabrication des engrais chimiques, aussi ne le voit-on figurer dans nos formules que là où il est absolument indispensable.

Potasse brute. — La potasse brute du commerce n'est autre chose que le salin de betteraves tel qu'il est obtenu par la calcination du résidu de la distillation des mélasses. Sa composition varie nécessairement comme celle des betteraves qui l'ont fourni. Voici d'ailleurs les résultats de six analyses faites sur des échantillons de diverses provenances :

	Minimum.	Maximum.	Moyenne des 6 analyses.
	—	—	—
Carbonate de potasse. . .	17,00	53,50	36,78
Carbonate de soude. . .	8,18	26,81	17,11
Sulfate de potasse. . . .	2,91	11,62	6,84
Chlorure de potassium. .	10,28	33,76	21,60
Eau et matières insolubles.	13,50	19,99	17,67
			100,00

D'après la richesse en carbonate de potasse, on trouve que la potasse (KO) varie dans les salins de 11,58 à 36,46 0/0, et qu'elle est en moyenne de 25,07 0/0.

Les variations sont beaucoup trop grandes pour que ce produit puisse être employé avec sécurité. Il est d'ailleurs d'un prix relativement élevé, aussi n'en faisons-nous aucun usage et ne donnons-nous ces indications que pour éclairer les personnes qui désirent l'employer et nous en font quelquefois la demande.

Nitrate de potasse. — Le nitrate de potasse ou azotate de potasse des chimistes se compose d'un équivalent de potasse (KO) uni à un équivalent d'acide azotique (AzO^5) contenant lui-même un équivalent d'azote. Il dose pour 100 parties :

Potasse		46,59
Acide azotique	Oxygène	39,57
	Azote	13,84
		100,00

Le salpêtre que l'on trouve en abondance dans l'industrie provient de la transformation du nitrate de soude en nitrate de potasse au moyen du chlorure de potassium. Le sel que l'on obtient ainsi de premier jet n'est jamais pur, il retient toujours un peu d'humidité et de chlorure de sodium. On y trouve aussi de petites quantités de chlorure de potassium, de sulfate de soude ou de potasse, de nitrate de soude et quelques traces de matières insolubles.

En général, le total de ces diverses impuretés ne dépasse guère 5 0/0 de la matière.

Le salpêtre brut est donc un produit presque pur. Au reste, voici sa richesse déduite de 33 analyses que nous avons eu l'occasion de faire depuis quelque temps.

	Minimum.	Maximum.	Moyenne des 33 analyses.
Potasse (KO)	41,30	46,08	44,38
Azote (Az)	12,28	13,71	13,06

On voit qu'avec le salpêtre brut ou nitrate de potasse du commerce les variations de composition sont comprises entre des limites fort restreintes, encore sont-elles dues le plus souvent à ce que la matière est plus ou moins humide. Si l'on observe en outre que le nitrate de potasse renferme deux éléments de fertilité sous la forme la plus assimilable pour chacun d'eux, on comprendra la préférence que M. G. Ville lui a accordée et que nous lui donnons après lui toutes les fois qu'il est utile d'employer en même temps de l'azote et de la potasse. Le salpêtre brut est la véritable source de potasse pour l'agriculture, car, si l'on tient compte de la valeur de l'azote qu'il contient, on trouve qu'il livre sa potasse à meilleur marché que tous les autres produits que nous avons énumérés.

Azote.

Nous venons de voir que l'azote pouvait être fourni aux plantes en même temps que la potasse au moyen du salpêtre brut, mais on remarquera que ce sel est beaucoup moins riche en azote qu'en potasse ; or, dans la plupart des cas, il est nécessaire de donner à la végétation plus d'azote que de potasse et alors il devient indispensable de puiser l'azote supplémentaire à d'autres sources. Les seules que nous offrent les industries chimiques sont : le nitrate de soude et le sulfate d'ammoniaque.

Nitrate de soude. — Le nitrate de soude, salpêtre cubique ou azotate de soude des chimistes n'est autre chose que du nitrate de potasse dans lequel la potasse (KO) est remplacée par de la soude (Na O). Il contient pour 100 parties :

Soude	. . . .	36,47
Acide azotique	Oxygène	47,06
	Azote	16,47
		100,00

Le nitrate de soude que l'on trouve dans le commerce nous vient du Pérou où il forme des gisements considérables. Nous le recevons dans un tel état de pureté qu'il ne renferme guère que de 4 à 5 0/0 de matières étrangères dont le chlorure de sodium et l'humidité font la plus forte part. Voici d'ailleurs la composition que nous ont donnée nos analyses faites sur des échantillons provenant de différents navires.

	Minimum.	Maximum.	Moyenne de toutes les analyses.
Nitrate de soude. .	94,59	96,45	95,45
Chlorure de sodium.	0,95	3,41	1,67
Humidité	1,90	2,85	2,25

L'azote varie par conséquent de 15,57 à 15,88 0/0 et la richesse moyenne est de 15,72. On voit que ces variations sont très-faibles et que le nitrate de soude offre à l'agriculture une source constante et abondante d'azote.

Le tremblement de terre et la fièvre jaune qui ont successivement désolé, l'année dernière, la côte du Pérou, ont supprimé tout-à-coup les arrivages et le prix du nitrate de soude qui était auparavant de 35 à 36 fr. les 100 kilogr. est rapidement monté à 46 fr. Mais c'est là un état de choses accidentel, qui approche de sa fin, car le Pérou a pu reprendre ses expéditions et déjà les cours actuels offrent une amélioration sensible sur ceux qui ont été pratiqués au commencement de l'année.

Sulfate d'ammoniaque. — Ce corps est formé d'un équivalent d'acide sulfurique monohydraté uni à un équivalent d'ammoniaque contenant lui-même un équivalent d'azote. Il contient pour 100 parties :

Acide sulfurique monohydraté (SO^3. HO)	Acide sulfurique.	60,60
	Eau	13,65
Ammoniaque (Az. H^3). . . .	Hydrogène . . .	4,54
	Azote	21,21

Le sulfate d'ammoniaque que nous livre l'industrie est préparé par la saturation directe de l'acide sulfurique par les vapeurs ammoniacales que l'on obtient par la distillation soit des eaux vannes, soit des eaux d'épuration du gaz d'éclairage.

Les sels que l'on obtient ainsi ne sont jamais absolument purs, mais la quantité de matières étrangères que l'on y trouve ne dépasse guère 3 à 4 0/0. Elle se compose d'un peu d'humidité, de traces d'acide sulfurique resté libre, d'un peu de sulfate de fer provenant de l'action de l'acide libre sur la fonte des chaudières où s'est effectuée l'évaporation. Nous avons d'ailleurs constaté par un grand nombre d'analyses faites sur toutes les livraisons que nous avons reçues depuis trois ans, que la richesse en *azote* ne descend pas au-dessous de 20 0/0 et atteint souvent 21 0/0. La moyenne de toutes nos analyses donne 20,27 0/0.

La hausse du nitrate de soude que nous avons expliquée dans le paragraphe précédent s'est naturellement répercutée sur toutes les matières azotées. Le nitrate de potasse qui se fabrique au moyen du nitrate de soude ne pouvait y échapper, aussi a-t-il rapidement monté de 62 fr. les 100 kil. à 68 fr. Le sulfate d'ammoniaque a subi une hausse beaucoup plus considérable puisqu'il a passé en peu de temps de 35 fr. à 47 fr. Cela tient à ce que la production de ce sel est beaucoup trop limitée par rapport aux nouvelles applications dont il a été récemment l'objet. Mais les sources en sont nombreuses et fort mal exploitées. Les hauts prix auxquels il est arrivé auront certainement pour effet de surexciter la fabrication. Beaucoup d'usines à gaz qui perdaient leurs eaux ammoniacales se préoccupent maintenant de les recueillir. On fait de grands efforts pour arriver à un traitement plus convenable des vidanges des villes et tout nous porte à croire que le sulfate d'ammoniaque ne tardera pas à redescendre à des prix moins élevés. D'ailleurs, il y a pour l'agriculture une limite que le sulfate d'ammoniaque ne peut dépasser. Elle est donnée par le prix du nitrate de soude qui est tout-à-fait indépendant de la production du sulfate d'ammoniaque.

L'expérience a établi qu'à égalité d'azote les nitrates donnaient de meilleurs résultats que le sulfate d'ammoniaque sur les racines et particulièrement sur la betterave. Pour les céréales, au contraire, c'est le sulfate d'ammoniaque qui réussit mieux, mais ces différences ne sont pas tellement marquées que l'agriculture ait à supporter un écart considérable dans le prix de revient de l'azote dans ces deux sortes de sels. On trouvera dans le tableau suivant l'étendue de cet écart pour les divers prix qui ont été pratiqués. Nous l'avons calculé en prenant pour base la richesse minimum des deux produits, soit 15,50 0/0 pour le nitrate de soude et 20 0/0 pour le sulfate d'ammoniaque.

NITRATE DE SOUDE.		SULFATE D'AMMONIAQUE.	
Prix de vente. Les 100 kil.	Prix de revient de l'azote. Le kilogramme.	Prix de vente. Les 100 kil.	Prix de revient de l'azote. Le kilogramme.
35 f	2 f 25	35 f	1 f 75
36	2 32	36	1 80
40	2 58	40	2 00
43	2 77	45	2 25
44	2 83	46	2 30
46	2 97	47	2 35

On voit qu'au point de vue de l'azote le sulfate d'ammoniaque à 47 fr. n'est pas plus cher que le nitrate de soude à 36 fr. En supposant donc que le nitrate de soude retombe à ses prix inférieurs, le prix de 47 fr. serait à peu près la limite obligée de la hausse du sulfate d'ammoniaque, car au-delà il y aurait intérêt à lui substituer le nitrate de soude. Actuellement le nitrate de soude est à un prix beaucoup plus élevé, il y a donc un avantage très-important à lui préférer le sulfate d'ammoniaque surtout pour les céréales. Pour les betteraves et les racines nous pensons, au contraire, d'après tous les résultats qui sont venus à notre connaissance, qu'il y a lieu de préférer le nitrate de soude même avec un écart de 50 à 60 centimes dans le prix de revient du kilogramme d'azote, c'est pourquoi nous continuons à préparer deux séries d'engrais, l'une à sulfate d'ammoniaque pour les céréales, l'autre à nitrate de soude pour les racines, ainsi qu'on le verra plus loin.

Acide phosphorique.

L'acide phosphorique est une combinaison d'un équivalent de phosphore avec 5 équivalents d'oxygène (PhO^5).

Pour concourir à l'alimentation des plantes il doit lui-même être combiné à une base qui, le plus ordinairement, est la chaux.

Pour les chimistes il existe trois phosphates de chaux bien distincts :

1° Le phosphate de chaux tribasique ou phosphate insoluble dans l'eau. Il se compose d'un équivalent d'acide phosphorique uni à trois équivalents de chaux ($PhO^5 . 3CaO$).

Il contient pour 100 parties :

Acide phosphorique	PhO^5	45,80
Chaux.	CaO	54,20
		100,00

2° Le phosphate neutre de chaux qui n'est autre chose que le précédent dans lequel un équivalent de chaux est remplacé par un équivalent d'eau. Il a pour formule $PhO^5 \left\{ \begin{matrix} 2CaO \\ HO \end{matrix} \right.$ et contient en centièmes :

Acide phosphorique	PhO^5	52,20
Chaux.	CaO	41,18
Eau.	HO	6,62
		100,00

3° Enfin le phosphate acide de chaux qui contient encore un équivalent d'eau de plus et un équivalent de chaux de moins que le précédent. Il a pour formule $PhO^5 \left\{ \begin{matrix} 2HO \\ CaO \end{matrix} \right.$ et contient en centièmes :

Acide phosphorique	PhO^5	60,68
Chaux.	CaO	23 94
Eau.	HO	15,38
		100,0

Le premier de ces phosphates, le phosphate tribasique, est complétement insoluble dans l'eau et par conséquent serait inassimilable s'il ne trouvait dans le sol d'autres agents de dissolution. Il se dissout, au contraire, très-facilement dans les acides qui lui enlèvent une partie de la chaux qu'il contient et le font passer à l'état de phosphate neutre ou de phosphate acide suivant leur proportion et suivant leur énergie chimique. C'est grâce à l'acide carbonique que le phosphate tribasique rencontre dans le sol arable, qu'il subit une transformation analogue et qu'il devient capable d'alimenter les plantes. Mais l'acide carbonique dissous dans l'eau, n'étant doué que d'une très-faible énergie chimique, ne peut attaquer le phosphate de chaux tribasique que s'il est à un état physique convenable. Nous reviendrons sur ce point à propos des produits naturels qui contiennent du phosphate de chaux.

Le phosphate neutre de chaux est fort peu soluble dans l'eau, mais se dissout beaucoup plus facilement que le précédent dans l'eau chargée d'acide carbonique, c'est le phosphate de chaux assimilable par excellence. Malheureusement l'industrie ne s'est pas encore mise en mesure de le produire assez économiquement pour pouvoir l'offrir à l'agriculture.

Le phosphate acide de chaux est extrêmement soluble dans l'eau, mais il rencontre dans la plupart des sols du carbonate de chaux qui le ramène à l'état de phosphate neutre. Cette précipitation chimique se faisant lentement au sein de la terre arable, le phosphate neutre qui en résulte se présente à un état d'extrême division qui favorise singulièrement sa dissolution par l'eau chargée d'acide carbonique et le rend éminemment assimilable par les plantes. Aussi le phosphate acide de chaux est-il le meilleur phosphate que l'on puisse introduire dans les engrais pour leur fournir de l'acide phosphorique.

Phosphates naturels. — On ne trouve dans l'industrie aucun de ces phosphates à l'état de pureté. Tous les produits naturels sont des mélanges de phosphate tribasique avec des matières étrangères qui varient suivant la provenance. Les principales sources de phosphate de chaux sont les os des animaux, les phosphates fossiles (nodules, coprolites), les phosphorites et les apatites.

En général les os ne sont livrés à la fabrication des engrais qu'après qu'ils ont déjà servi à quelque autre usage industriel. Ils sont surtout employés en agriculture à l'état de noir de raffinerie, c'est-à-dire d'os calcinés ayant servi à l'épuration des sirops dans les raffineries de sucre et des jus de betteraves dans les sucreries. Ces noirs moulus sont assimilables dans la plupart des cas, mais moins sûrement que les phosphates acides, aussi préférons-nous les acidifier, ainsi qu'on le verra plus loin.

Les noirs des raffineries de Paris contiennent de 33 à 51 0/0 de phosphate de chaux tribasique soit par conséquent de 15 à 23 0/0 d'acide phosphorique et se vendent de 11 à 14 fr. l'hectolitre pesant environ 90 kil.

Les phosphates fossiles (nodules ou coprolites) contiennent, suivant les gisements d'où ils ont été extraits, depuis 30 jusqu'à 60 et même 70 0/0 de phosphate tribasique de chaux. Les richesses supérieures sont fort rares et ce n'est qu'exceptionnellement qu'on peut se les procurer. Une bonne sorte courante est celle qui contient de 40 à 45 0/0 de phosphate, soit par conséquent de 18,32 à 20,61 d'acide phosphorique. C'est celle que nous offrons à nos correspondants. Dans ces produits naturels le phosphate de chaux est uni à diverses matières terreuses qui le rendent compacte et difficilement attaquable dans le sol, aussi n'obtient-on à leur aide que des effets très-lents sur la plupart des terres. Ils fournissent, au contraire, d'excellents résultats sur les terres de défrichement où s'est accumulé, de longue main, une grande quantité d'humus provenant de la décomposition des feuilles des arbres ou des bruyères. Cet humus qui donne à la terre une couleur très-foncée, presque noire, attaque les phosphates à la manière des acides et les rend facilement assimilables. Aussi les sols de défrichement sont-ils devenus la terre classique de l'emploi des phosphates fossiles. On facilite encore leur attaque en les pulvérisant aussi finement que possible.

Les phosphorites et les apatites offrent des richesses très-variées qui peuvent aller de 30 0/0 jusqu'à 80 et même 90 0/0 de phosphate de chaux tribasique. Mais ces phosphates sont tellement compactes que, même en poudre impalpable, ils ne sont pas suffisamment attaquables pour être employés en nature dans aucun terrain. Pour les rendre utilisables, il faut, de toute nécessité, les acidifier et alors ils rentrent dans la catégorie des superphosphates dont nous allons nous occuper.

Superphosphates. — Si on verse sur un équivalent de phosphate tribasique de chaux ($Ph\,O^5.\ 3\,Ca\,O$), deux équivalents d'acide sulfurique hydraté ($S\,O^3\,H\,O$), il se produit une réaction qui donne naissance à deux équivalents de sulfate de chaux et à un équivalent de phosphate acide de chaux soluble dans l'eau, ainsi que l'indique l'équation suivante :

$$Ph\,O^5 \left\{ \begin{matrix} Ca\,O \\ Ca\,O \\ Ca\,O \end{matrix} \right. + \begin{matrix} SO^3\,HO \\ SO^3\,HO \end{matrix} = \begin{matrix} SO^3\,Ca\,O \\ SO^3\,Ca\,O \end{matrix} + Ph\,O^5 \left\{ \begin{matrix} Ca\,O \\ HO \\ HO \end{matrix} \right.$$

Phosphate tribasique de chaux. Acide sulfurique. Sulfate de chaux. Phosphate acide de chaux.

Toutes les fois que l'on arrose d'acide sulfurique un produit naturel quelconque contenant du phosphate tribasique de chaux, cette réaction se produit et l'acide phosphorique passe à l'état soluble et par conséquent assimilable. On a donné le nom de *superphosphates* aux matières que l'on obtient ainsi, et qui ne sont par conséquent autre chose que des mélanges de phosphate acide de chaux avec du sulfate de chaux (plâtre) et toutes les matières étrangères contenues dans le produit naturel employé.

La valeur des superphosphates dépend évidemment de leur richesse en acide phosphorique *soluble* et cette richesse dépend elle-même de la composition de la matière première et de la quantité d'acide sulfurique que l'on a employée. Il en résulte nécessairement de très-grandes variations dans la richesse des superphosphates que l'on trouve dans le commerce. Nous nous sommes efforcés d'obtenir une sorte dont la richesse présente peu de variations, c'est celle que nous offrons à nos correspondants, et qui est produite en traitant des noirs de raffinerie riches par l'acide sulfurique. Les nombreuses analyses que nous avons faites ou fait faire de ce produit nous ont donné les résultats suivants :

	Minimum.	Maximum.	Moyenne de toutes les analyses.
Acide phosphorique soluble.	11, 00	15, 20	11, 87
Acide phosphorique insoluble	0, 00	3, 65	1, 71
Sulfate de chaux.	» »	» »	60, 00

Comme le noir employé ne contient lui-même que du phosphate déjà assimilable, la petite quantité qui échappe à l'action de l'acide ne reste pas pour cela inerte et doit par conséquent entrer en ligne de compte dans l'estimation du produit.

Dans les superphosphates que l'on obtient au moyen des phosphorites ou des apatites on ne doit tenir compte que de l'acide phosphorique soluble, car le phosphate qui a échappé à l'action de l'acide sulfurique est complètement inassimilable.

Nous fabriquons aussi des superphosphates beaucoup plus riches, mais comme jusqu'ici il ne nous a pas été possible de les obtenir en quantités suffisantes et avec une richesse constante nous ne pouvons les offrir qu'exceptionnellement à l'état isolé. Nous les faisons entrer dans quelques-uns de nos engrais en en variant les proportions suivant la richesse de manière à obtenir des engrais d'une composition constante.

Chaux.

Lorsqu'il s'agit de l'emploi de la chaux en agriculture il faut immédiatement établir une distinction entre le chaulage destiné à modifier l'état physique du sol et l'emploi de la chaux ou de ses sels comme engrais, c'est-à-dire, pour alimenter les plantes des produits calcaires qui leur sont indispensables. Nous n'avons à nous occuper ici que de la chaux employée comme engrais.

La chaux que l'on réduit en poudre en la laissant

éteindre à l'air, constitue, dans bien des cas, un excellent engrais dont l'usage est d'ailleurs très-répandu. Toutefois au point de vue spécial des engrais chimiques, elle présente quelques inconvénients. En premier lieu, elle ne peut pas être employée en même temps que les sels ammoniacaux, car elle les décompose et fait perdre une partie de leur azote. Elle ne peut pas non plus être mélangée à des superphosphates sans ramener, en partie au moins, leur acide phosphorique à l'état insoluble. Enfin, comme elle passe rapidement dans le sol à l'état de carbonate de chaux, elle ne présente aux plantes l'élément calcaire que sous une forme fort peu soluble et doit par conséquent être donnée en assez grande quantité pour produire un effet sensible. C'est pour toutes ces raisons que M. G. Ville, qui l'avait d'abord employée, est arrivé à lui préférer le sulfate de chaux ou plâtre, qui est beaucoup plus soluble que le carbonate de chaux et qui n'exerce aucune action nuisible sur les autres éléments des engrais chimiques.

Le sulfate de chaux des chimistes se compose d'un équivalent d'acide sulfurique (SO^3), uni à un équivalent de chaux (CaO). Il contient pour 100 parties :

Chaux.	41, 17
Acide sulfurique.	58, 83
	100, 00

Ce sulfate de chaux absorbe pour cristalliser deux équivalents d'eau et se transforme alors en sulfate de chaux hydraté ($CaO. SO^3. 2 HO$) qui contient sur 100 parties :

Chaux.	32, 56
Acide sulfurique.	46, 51
Eau.	20, 93
	100, 00

Cette propriété du sulfate de chaux d'absorber de l'eau qu'il fait passer à l'état solide est extrêmement précieuse pour la fabrication des engrais chimiques, car elle permet d'obtenir un mélange en poudre sèche avec des matières qui sont toutes plus ou moins humides. Le plâtre que l'on ajoute au mélange les dessèche en s'emparant de leur humidité. Il est donc indispensable de recourir au plâtre cuit.

Celui que nous employons nous a donné à l'analyse la composition suivante :

Sulfate de chaux.	82, 28
Carbonate de chaux	7, 42
Eau	10, 30
	100, 00

Il contient 38 pour 100 de chaux.

En résumé, le nitrate de potasse comme source de *potasse* et *d'azote*, le nitrate de soude et le sulfate d'ammoniaque comme source *d'azote*, les superphosphates comme source d'*acide phosphorique*, et le sulfate de chaux comme source de *chaux*, telles sont les substances dont la nouvelle méthode fait usage et dont se composent les *engrais chimiques*.

Les récoltes magnifiques obtenues par M. Georges Ville sur la mauvaise terre du champ d'expériences de Vincennes, pendant dix années consécutives, par l'usage exclusif de ces divers produits chimiques, prouvent surabondamment leur efficacité pratique qui d'ailleurs n'est plus contestée par personne.

Quant à l'économie de leur emploi, elle est démontrée avec évidence par la comparaison du prix auquel ils font ressortir les éléments utiles avec le prix de revient de ces mêmes éléments dans les diverses matières fertilisantes que l'industrie met à la disposition de l'agriculture.

Un mélange de ces diverses substances, prises en proportions convenables, constitue un véritable engrais complet analogue au fumier de ferme, mais présentant sur lui les avantages suivants :

1° Son volume étant environ cinquante fois moindre pour la même richesse, il est incomparablement plus facile à manier et à transporter à peu de frais;

2° Cet engrais chimique, pouvant être livré à l'agriculture en poudre fine, son épandage peut être fait d'une façon parfaitement régulière, au moyen des semoirs à engrais pulvérulents;

3° Ses éléments constitutifs étant complètement et immédiatement assimilables, ses effets, à richesse égale, sont beaucoup plus rapides et plus intenses que ceux du fumier de ferme;

4° Sa composition étant variable à volonté on peut lui donner celle qui convient le mieux à la plante que l'on désire cultiver ;

5° N'apportant aucune semence de mauvaises herbes il rend beaucoup plus facile l'entretien de la propreté du sol;

6° Enfin, toutes les fois que le fumier doit être acheté à prix d'argent et subir des transports de quelque importance, les engrais chimiques sont d'un emploi plus économique, car, à effet utile égal, ils reviennent à un prix plus bas que le fumier de ferme.

Réunir les produits chimiques dont nous venons de parler en les puisant à leurs sources les plus directes, leur faire subir les transformations chimiques nécessaires pour les rendre assimilables, en composer des mélanges intimes appropriés aux divers besoins de la culture, et les livrer mélangés ou isolés aux plus bas prix possibles, tel est le but que nous nous sommes proposé, et les remarquables résultats qui ont été obtenus depuis trois ans déjà à l'aide de nos produits nous prouvent qu'il a été atteint.

Engrais préparés.

Nous avons constamment à la disposition des agriculteurs des engrais tout préparés selon les plus récentes formules de M. G. Ville, on en trouvera ci-après la nomenclature raisonnée. Pour les personnes qui désirent recourir à des formules spéciales, nous sommes en mesure d'exécuter leurs ordres sous un très-bief délai, au moyen des matières que nous avons précédemment décrites, ou de toute autre qu'il leur plairait de nous indiquer.

ENGRAIS COMPLET N° 1.

		aux 100 kilog.	à l'hectare.
Formule	Superphosphate de chaux .	33k 34	400k
	Nitrate de potasse.	16, 66	200
	Sulfate d'ammoniaque. . .	20, 83	250
	Sulfate de chaux	29, 17	350
		100, 00	1200

Destiné à engendrer la fertilité d'un seul coup sur les terres originairement pauvres ou épuisées par la culture, il permet d'obtenir une bonne récolte de *froment* sur des terres qui, jusque là, n'avaient pu en porter. Son effet se prolonge au delà de la première récolte, et la culture peut ensuite être continuée au moyen d'engrais moins dispendieux que nous indiquerons plus loin.

Pour le *froment*, le *chanvre* et le *colza*, il faut l'employer à la dose de 1200 kilog. à l'hectare. Si l'on veut se borner à cultiver de l'*avoine*, du *seigle* ou de l'*orge*, il suffit d'en répandre 600 kilog.

Sur les *prairies naturelles* et les *gazons* on peut l'employer à la dose de 500 à 700 kilog., suivant leur état. Il donne au fourrage une grande vigueur de végétation.

ENGRAIS COMPLET N° 2.

		aux 100 kilog.	à l'hectare.
Formule	Superphosphate de chaux .	33k 34	400k
	Nitrate de potasse.	16, 66	200
	Nitrate de soude	25, 00	300
	Sulfate de chaux	25, 00	300
		100, 00	1200

La composition a été combinée particulièrement pour la *betterave*.

Il s'emploie pour ouvrir la rotation par cette racine à la dose de 1200 kilog. à l'hectare. Les années suivantes, la culture se continue avec des engrais différents comme nous l'indiquerons plus loin.

Cet engrais convient aussi très-bien au *jardinage* et à la culture des *fleurs*. Il faut l'employer, dans ce cas, à raison de 20 à 25 kilog. à l'are, ou 200 à 250 grammes au mètre carré.

ENGRAIS COMPLET N° 2 bis.

		aux 100 kilog.	à l'hectare.
Formule	Superphosphate de chaux .	30k 77	400k
	Nitrate de potasse.	15, 38	200
	Nitrate de soude	30, 77	400
	Sulfate de chaux	23, 08	300
		100, 00	1300

Cet engrais est également destiné à la *betterave*, il ne diffère du précédent que par une proportion d'azote plus élevée et doit être employé sur les terres qui ont plus particulièrement besoin de cet élément. Il permet alors d'obtenir un rendement plus élevé que le précédent. Il convient surtout pour ouvrir une rotation par la betterave lorsque celle-ci doit être suivie de plantes épuisantes en azote.

ENGRAIS COMPLET INTENSIF N° 2.

		aux 100 kilog.	à l'hectare.
Formule	Superphosphate de chaux.	37k 50	600k
	Nitrate de potasse.	25, 00	400
	Nitrate de soude.	18, 75	300
	Sulfate de chaux.	18, 75	300
		100, 00	1600

Cet engrais, beaucoup plus riche que les précédents en phosphates et en potasse, et aussi riche en azote que le n° 2 bis, est aussi destiné à la *betterave*. On le répand en deux fois moitié avant, moitié après le dernier labour, de façon à le placer à diverses profondeurs dans le sol. Il s'applique particulièrement à produire la betterave dans les terres pauvres ou épuisées, qu'il porte immédiatement à un haut degré de fertilité. On peut aussi l'employer sur les bonnes terres à betteraves pour élever les rendements au dessus des limites ordinaires.

ENGRAIS COMPLET N° 3.

		aux 100 kilog.	à l'hectare.
Formule	Superphosphate de chaux.	40^k	400^k
	Nitrate de potasse.	30	300
	Sulfate de chaux.	30	300
		100	1000

Particulièrement destiné à ouvrir la rotation par les *pommes de terre.* S'emploie à la dose de 1000 kilog. à l'hectare.

ENGRAIS COMPLET N° 3 bis.

		aux 100 kilog.	à l'hectare.
Formule	Superphosphate de chaux.	40^k	400^k
	Nitrate de potasse. . . .	20	200
	Nitrate de soude.	10	100
	Sulfate de chaux.	30	300
		100	1000

Cet engrais est celui que M. G. Ville avait d'abord conseillé pour la *pomme de terre* et que nous avons constamment livré à nos clients sous le nom d'engrais complet n° 3. M. G. Ville a substitué à cette formule la précédente qui est beaucoup plus riche en potasse et convient mieux à la *pomme de terre* dans la plupart des cas. Cependant beaucoup de nos clients étant très-satisfaits de l'ancien engrais, qui revient à un prix moins élevé que le nouveau, nous avons cru devoir conserver l'ancienne formule et, pour qu'il n'y ait aucune confusion avec celle qui est actuellement conseillée par M. G. Ville, nous la donnons sous le n° 3 bis. Les deux engrais complets, n° 3 et n° 3 bis, ont donc la même destination.

ENGRAIS COMPLET N° 4.

		aux 100 kilog.	à l'hectare.
		—	—
Formule	Superphosphate de chaux .	40k 00	600k
	Nitrate de potasse.	33, 34	500
	Sulfate de chaux	26, 66	400
		100, 00	1500

Particulièrement destiné à la *vigne*. S'emploie à la dose de 1500 kilog. à l'hectare ou de 200 grammes par pied de vigne. Pour les *treilles* de raisins de table il faut élever la dose à 300 grammes par pied. Il convient aussi très-bien pour les *arbres fruitiers* et pour les *arbustes d'agrément*. Il faut alors en porter la dose à 500 grammes, 1 kilog. et même 2 kilog. suivant l'étendue de terre occupée par les racines.

ENGRAIS COMPLET N° 5.

		aux 100 kilog.	à l'hectare.
		—	—
Formule	Superphosphate de chaux .	50k 00	600k
	Nitrate de potasse	16, 66	200
	Sulfate de chaux	33, 34	400
		100, 00	1200

Cet engrais est particulièrement destiné aux plantes qui exigent beaucoup de phosphates et peu d'azote, telles que les *Navets*, les *Turneps*, les *Rutabagas*, les *Topinambours*, le *Sorgho* et le *Maïs*.

ENGRAIS COMPLET N° 6.

		aux 100 kilog.	à l'hectare.
		—	—
Formule	Superphosphate de chaux .	30k 76	400k
	Nitrate de potasse.	9, 23	120
	Sulfate d'ammoniaque. . .	30, 76	400
	Sulfate de chaux	29, 25	380
		100, 00	1300

Particulièrement destiné à ouvrir la rotation par le *colza*. On l'emploie pour cet usage à raison de 1300 kil. à l'hectare.

ENGRAIS COMPLET N° 7.

Spécialement destiné à la culture du *sarrazin*. S'emploie à la dose de 800 kilog. à l'hectare.

La formule de cet engrais est encore inédite. Elle a été indiquée par M. G. Ville, par correspondance, à quelques personnes qui l'ont essayée mais qui ne nous ont pas fait connaître leurs résultats. En conséquence nous ne considérons pas cette formule comme suffisamment sanctionnée par la pratique pour nous croire autorisés à la publier.

Tous ces engrais sont *complets*, en ce sens qu'ils renferment tous les quatre agents essentiels de la production végétale :

Potasse, Chaux, Phosphates, Azote.

Ils ne diffèrent entre eux que par les doses de leurs composants et les formes sous lesquelles ils y sont introduits. Employés aux doses que nous indiquons, tous permettent de cultiver du premier coup les plantes auxquelles ils sont destinés, dans les sols les plus pauvres, pourvu qu'ils aient été convenablement labourés et qu'ils soient dans de bonnes conditions physiques. Avec eux, comme avec le fumier de ferme, la récolte dépend des soins plus ou moins intelligents que l'on donne aux cultures, mais, à égalité de conditions, ils produisent toujours autant et souvent plus que le fumier employé à doses intensives. En général leur action n'est pas épuisée dès la première année, et il suffit ensuite d'employer des engrais moins dispendieux pour continuer les assolements que l'on a ouverts à leur aide. On verra d'ailleurs dans les formules d'assolements que nous donnons plus loin quelle est la manière de procéder ; qu'il nous suffise de faire observer ici que leur durée dans le sol est nécessairement en raison inverse des récoltes obtenues, c'est-à-dire que les apports subséquents devront être d'autant plus forts que les premières récoltes auront été plus belles.

Si l'on possède du fumier de ferme, on peut, sans inconvénient, l'employer en même temps que les engrais chimiques dont on réduit alors la dose en proportion du fumier employé et en tenant compte de ce que 100 kilog. de ces divers engrais équivalent en général à 4 à 5 mille kilog. de fumier.

Toutes les terres ne sont pas également dépourvues des quatre éléments de la fertilité et toutes les plantes n'exigent pas de l'azote pour prospérer. Aussi préparons-nous des engrais incomplets qui peuvent permettre de diminuer les premières avances à faire pour mettre la terre en culture, mais seulement dans des cas bien déterminés.

ENGRAIS INCOMPLET N° 1 (sans potasse).

---

		aux 100 kilog.	à l'hectare.
Formule	Superphosphate de chaux.	40k	400k
	Sulfate d'ammoniaque. . .	35	350
	Sulfate de chaux.	25	250
		100	1000

Lorsqu'une terre est riche en potasse, il est fort inutile de lui en donner et, dans ce cas, on obtiendra de fort belles récoltes au moyen d'un engrais sans potasse jusqu'à ce que cet élément soit épuisé dans le sol. On fera bien d'ailleurs de ne pas attendre ce moment pour en restituer ; mais comme il peut être avantageux, surtout lorsqu'il s'agit de cultures peu exigeantes en potasse, telle que les céréales, d'ajourner la dépense qu'entraînerait l'emploi de cet élément, nous préparons l'engrais incomplet n° 1 qui renferme les mêmes éléments que l'engrais complet n° 1, moins la potasse. Il s'emploie exactement aux mêmes usages que ce dernier, mais seulement dans les terrains qui ont été reconnus suffisamment riches en potasse par le moyen que nous indiquons plus loin. On le donne aux doses suivantes :

Pour le *froment* 1000 kilog. à l'hectare.

Pour le *seigle*, l'*orge* ou l'*avoine*, 500 kilog. à l'hectare.

Pour les *prairies naturelles*, de 400 à 600 kilog. à l'hectare.

Sur un sol pauvre en potasse, cet engrais ne donnerait que de médiocres produits.

ENGRAIS INCOMPLET N° 2 (minéral).

		aux 100 kilog.	à l'hectare.
Formule	Superphosphate de chaux.	40k	400k
	Nitrate de potasse.	20	200
	Sulfate de chaux	40	400
		100	1000

M. G. Ville ayant reconnu que l'azote était sans influence sur les légumineuses, alors au contraire que la potasse, les phosphates et la chaux exercent sur elles une action très-énergique, nous préparons l'engrais incomplet n° 2 spécialement pour ces plantes. Il ne contient que fort peu d'azote, 2 kilog. 600 pour 100 kilog , soit 26 kilog. à l'hectare. Pour qu'il n'en contînt pas du tout il faudrait substituer le carbonate de potasse au nitrate, ce que nous faisons, ainsi qu'on le verra plus loin, pour les engrais analyseurs qui sont destinés à mettre en lumière la composition du sol. Mais comme l'engrais au carbonate de potasse revient plus cher que l'engrais au nitrate, il est préférable d'employer ce dernier dans la pratique en grand. D'ailleurs il a pour lui de nombreux succès qui nous font une loi de ne rien changer à la formule précédemment adoptée.

On l'emploie à la dose de 1000 kilog. à l'hectare pour les *pois*, les *haricots*, les *féveroles*, le *lin*, etc. Bien que le *lin* ne soit pas une légumineuse, il réussit néanmoins très-bien sur cet engrais, qui lui communique une belle végétation et une maturité hâtive. Sur les engrais fortement azotés, au contraire, le *lin* mûrit mal, et la filasse reste verte et d'un rouissage difficile.

L'engrais incomplet n° 2 convient particulièrement pour créer et entretenir les *prairies artificielles (trèfles, sainfoins, vesces, luzernes*, etc.) Il faut en donner 1000 kil. à l'hectare en commençant, et ensuite des doses plus aibles, 400 à 500 kilog. tous les ans, en augmentant lorsque le rendement s'abaisse.

On comprendra sans peine que les doses que nous indiquons ne peuvent avoir une fixité absolue. C'est à chaque agriculteur qu'il appartient de déterminer par l'expérience les doses que son sol exige pour fournir des rendements intensifs. Nous recommandons toutefois de débuter toujours par les plus fortes doses et de ne les diminuer que lorsque des essais, faits sur une petite échelle, en auront démontré la possibilité.

Nous croyons utile de résumer dans le tableau suivant, tout ce que nous venons de dire sur les engrais et sur leur emploi. On y trouvera, en regard de chaque culture, l'engrais qui lui convient ainsi que la dose à laquelle il faut l'employer. Il est bien entendu que ce ne sont là que des indications générales qui pourront varier plus ou moins, suivant les terres et suivant la place que la plante occupe dans l'assolement. On trouvera plus loin les principes qui doivent diriger ces variations.

PLANTES CULTIVÉES.	ENGRAIS A EMPLOYER.	DOSE A L'HECTARE
Froment........	Complet n° 1..........	1200 k
	Incomplet n° 1........	1000
	Sulfate d'ammoniaque..	200 à 400
Orge...........	Complet n° 1..........	600
Avoine.........	Incomplet n° 1........	500
Seigle..........	Sulfate d'ammoniaque..	200 à 300

PLANTES CULTIVÉES.	ENGRAIS A EMPLOYER.	DOSE A L'HECTARE
Prairies naturelles	Complet n° 1..........	600
	Incomplet n° 1.........	500
Chanvre	Complet n° 1..........	1200
Colza...........	Complet n° 6..........	1300
	Complet n° 1..........	1200
	Incomplet n° 1.......	1000
Betteraves	Complet n° 2..........	1200
	Complet n° 2 *bis*.......	1300
	Complet intensif n° 2...	1600
Carottes......... Choux à vaches.. Houblon........	Complet n° 2..........	1200
Haricots .... Lentilles........ Lupins.......... Fèves et Féverolles Trèfle........... Sainfoin .... Vesces.......... Luzerne......... Pois............ Lin.............	Incomplet n° 2.........	1000
Sarrazin	Complet n° 1..........	400
	Complet n° 7..........	800
Pommes de terre.	Complet n° 3..........	1000
	Complet n° 3 *bis*.......	1000
Navets.......... Turneps......... Rutabagas,....... Maïs............ Sorgho .... Topinambours...	Complet n° 5..........	1200
Vigne et Arbustes	Complet n° 4.........	1500
Jardinage et fleurs	Complet n° 2.........	2000

Pour recourir avec fruit à l'usage des engrais complets et incomplets, il faut connaître avec exactitude la composition du sol sur lequel on opère et les exigences particulières des plantes que l'on cultive. Ces deux ordres de connaissances s'acquièrent très-facilement par la méthode d'analyse indiquée par M. G. Ville.

Détermination de la composition du sol.

On arrive à connaître exactement la composition du sol au point de vue agricole par une série systématique d'essais de culture au moyen d'engrais complets et incomplets. L'abaissement du rendement sur les engrais incomplets par rapport à celui que donne l'engrais complet, atteste évidemment l'absence ou l'insuffisance de l'élément qui manque dans la composition de l'engrais employé.

Voici d'ailleurs comment il convient d'opérer :

Sur la pièce de terre à analyser, on choisit la partie qui représente le mieux sa composition moyenne.

On y dispose dix carrés d'un are chacun séparés par de petits sentiers d'un mètre de largeur. Sur les deux premiers on répand avant le labour les doses de fumier que nous allons indiquer. Tous les carrés sont ensuite soigneusement labourés.

Le plus ordinairement le labour se fait à la bêche. On peut aussi labourer à la charrue une bande de terre que l'on sépare ensuite en carrés en traçant les chemins.

Après le labour on repand à la surface de chacun des sept carrés qui suivent les deux premiers l'un des engrais, dont voici les formules :

CARRÉS	FROMENT ET CÉRÉALES.		BETTERAVES ET RACINES.	
N° 1	Fumier de ferme	600k	Fumier de ferme	600k
N° 2	Fumier de ferme	300	Fumier de ferme	300
N° 3	ENGRAIS COMPLET INTENSIF.			
	Superphosphate de chaux	6k	Superphosphate de chaux	6k
	Nitrate de potasse	4	Nitrate de potasse	4
	Sulfate d'ammoniaque	2.5	Nitrate de soude	3
	Sulfate de chaux	3,5	Sulfate de chaux	3
	Total	16k	Total	16k
N° 4	ENGRAIS COMPLET.			
	Superphosphate de chaux	4k	Superphosphate de chaux	4k
	Nitrate de potasse	2	Nitrate de potasse	2
	Sulfate d'ammoniaque	2,5	Nitrate de soude	3
	Sulfate de chaux	3,5	Sulfate de chaux	3
	Total	12k	Total	12k
N° 5	ENGRAIS SANS MATIÈRE AZOTÉE.			
	Superphosphate de chaux	4k	Superphosphate de chaux	4k
	Potasse épurée	1,5	Potasse épurée	1,5
	Sulfate de chaux	3,5	Sulfate de chaux	3,5
	Total	9k	Total	9k
N° 6	ENGRAIS SANS PHOSPHATES.			
	Nitrate de potasse	2k	Nitrate de potasse	2k
	Sulfate d'ammoniaque	2,5	Nitrate de soude	3
	Sulfate de chaux	3,5	Sulfate de chaux	3
	Total	8k	Total	8k
N° 7	ENGRAIS SANS POTASSE.			
	Superphosphate de chaux	4k	Superphosphate de chaux	4k
	Sulfate d'ammoniaque	4	Nitrate de soude	4,5
	Sulfate de chaux	3	Sulfate de chaux	3,5
	Total	11k	Total	12k

CARRÉS	FROMENT ET CÉRÉALES.		BETTERAVES ET RACINES.	
—	—		—	
N° 8	ENGRAIS SANS CHAUX (1).			
	Phosphate de chaux précipité	4k	Phosphate de chaux précipité	4
	Nitrate de potasse..........	2	Nitrate de potasse............	2
	Sulfate d'ammoniaque......	2,5	Nitrate de soude...............	3
	Total.........	8k5	Total........	9
N° 9	ENGRAIS SANS MINÉRAUX (AZOTE SEUL).			
	Sulfate d'ammoniaque......	4k	Nitrate de soude...............	4k
N° 10	TERRE SANS AUCUN ENGRAIS.			

Le dernier carré ne reçoit aucun engrais.

Les sept engrais nécessaires à l'organisation d'un champ d'expériences, réunis dans une caisse et formant un seul colis, sont expédiés à toutes les personnes qui nous en font la demande. Comme on vient de le voir, nous préparons deux séries, l'une à azote ammoniacal, l'autre à azote nitrique. Il est donc nécessaire, dans les demandes que l'on nous adresse, de désigner soit la série que l'on désire, soit la plante sur laquelle on se propose d'opérer.

La première série est destinée au *froment*, mais on peut également s'en servir pour *chanvre* et pour *colza*. Elle peut aussi être employée pour *seigle*, *orge*, *avoine* et *gazon*, mais alors en réduisant les doses de moitié ou en

---

(1) Il ne peut pas exister, à proprement parler, d'engrais sans chaux, puisque l'acide phosphorique est donné sous forme de phosphate de chaux. Il ne peut être question ici que de supprimer la chaux qui excède celle qui est combinée à l'acide phosphorique et qui est introduite dans les autres engrais sous forme de sulfate de chaux. C'est pourquoi on substitue dans cet engrais du phosphate de chaux précipité au superphosphate, afin d'éliminer le sulfate de chaux qui fait partie de ce dernier.

faisant des carrés doubles avec les doses que nous avons indiquées.

La seconde série est destinée à la *betterave ;* elle peut aussi servir aux *carottes* et aux *pommes de terre.*

Les engrais seront répandus avant de semer et suivant les règles que nous indiquerons plus loin. A la récolte, on aura soin de peser et de mesurer très-exactement et *à part* le produit de chaque carré en paille, en grains ou en racines.

La comparaison des résultats fait connaître avec certitude l'état de fertilité de la terre sur laquelle on a opéré, ainsi que les espérances qu'il est légitime de fonder sur l'emploi des engrais chimiques.

En effet, l'écart entre le n° 10 sans engrais et chacun des autres carrés donne la mesure de l'effet utile de chacun d'eux.

La comparaison des carrés n°s 1 et 2 avec les carrés n°s 3 et 4 montre si l'on peut attendre des engrais chimiques de meilleurs résultats que du fumier ordinaire. Les carrés n°s 3 et 4 ne différant entre eux que par les doses des agents employés, leur écart de rendement permettra de décider à quelle dose on devra recourir.

Dans la plupart des terres, le n° 4 donne une très-belle récolte et le n° 3 ne réussit pas mieux ou dépasse le but et fait verser la plante. Dans quelques-unes très-pauvres ou très-épuisées, le n° 4 est insuffisant et alors le n° 3 donne un excellent résultat.

En comparant le n° 5 avec le n° 4 on s'assure si l'azote existe dans le sol ou fait défaut. Ces deux carrés recevant, en effet, le même engrais à l'azote près, doivent donner le même résultat si le sol en est pourvu. Si, au contraire, cet élément fait défaut, le blé, qui est très-sensible à son absence, la manifestera par un rendement très-inférieur sur le carré n° 5.

Il en sera de même, mais à des degrés différents, avec les diverses plantes que nous avons indiquées.

La comparaison des carrés n°s 6, 7 et 8 avec le n° 4, fera pareillement connaître la situation du sol à l'égard des phosphates, de la potasse et de la chaux. Enfin la comparaison du carré n° 9 avec le n° 4 donnera une sorte de vérification des résultats, en montrant que l'azote seul est sans utilité si l'on ne donne pas de minéraux dans le cas où l'un des minéraux au moins fait défaut, et que l'azote produit, au contraire, un excellent résultat, si les carrés 6, 7 et 8 ont montré que la terre était suffisamment pourvue de minéraux.

Nous pensons que pour bien saisir le sens de ces diverses comparaisons, il n'est pas inutile de citer quelques exemples :

1° *Champ d'expériences établi sur une très-mauvaise terre du département de la Drôme.* — FROMENT.

Récolte à l'hectare.

	PAILLE	GRAINS EN POIDS	GRAINS EN HECTOL.	DIFFÉRENCE en faveur de l'engrais
N° 4. — Complet.......	2,600^k^	1,400^k^	17^h^ 83	13^h^ 17
N° 5. — Sans azote....	1 550	800	10 45	5 79
N° 6 — Sans phosphates	1 050	350	4 66	0 00
N° 7. — Sans potasse...	1,700	1,200	15 28	10 62
N° 9. — Sans minéraux.	1,500	500	6 53	1 87
N° 10. — Sans engrais...	1,050	350	4 66	0 00

On voit que l'engrais complet a donné un excédant de 13 hect. 17. La suppression de l'azote fait descendre cet excédant à 5 hect. 79; donc l'azote fait défaut. Sans phosphate, il n'y a pas d'excédant, donc la terre est absolument privée de phosphates assimilables. L'excédant du carré n° 7, sans potasse, prouve, au contraire, que la terre est pourvue de cet élément. Enfin le carré n° 9, sans minéraux, montre qu'il n'y a pas eu d'erreur dans l'épandage des engrais et vérifie les données des carrés n°s 5 et 6. En résumé, nous tirons de cette expérience la conclusion que le sol est pourvu de potasse, qu'il manque complétement de phosphates et qu'il est très-pauvre en azote. La conséquence est que, pour le fertiliser, on doit avoir recours à un engrais contenant des phosphates et de l'azote, et qu'il est inutile de donner de la potasse. C'est le cas d'employer notre engrais incomplet n° 1.

2° *Champ d'expériences établi sur une très-bonne terre du département de l'Eure.* — FROMENT.

Récolte à l'hectare.

	PAILLE	GRAINS EN POIDS	GRAINS EN HECTOL.	DIFFÉRENCE en faveur de l'engrais
N° 4. — Complet.......	6,673^k	3,948^k	52^h 0	17^h 3
N° 5. — Sans azote....	4,588	2,765	37 7	3 0
N° 6. — Sans phosphat^{es}	4,971	3,245	41 7	7 0
N° 7. — Sans potasse..	4,971	3,245	41 2	6 5
N° 9. — Sans minéraux	4,448	2,525	33 6	1 1
N° 10. — Sans engrais..	3,400	2,765	34 7	0 0
N° 11. — Forte fumure au fumier de ferme	5,234	3,410	45 9	11 2

On voit par le rendement du n° 10 qu'il s'agit ici d'une terre très-fertile et d'une année très-favorable, car notre correspondant nous apprend que ses terres lui rendent année moyenne, 21 hectolitres de froment.

Le n° 11 montre que, malgré la fertilité naturelle ou acquise de cette terre, le fumier y produit néanmoins d'excellents effets, il reste à calculer si les 11 hect. 2 d'excédant paient le fumier employé.

Le n° 4 montre que l'engrais complet l'emporte de beaucoup sur le fumier, puisque l'excédant qu'il a produit est de 17 hect. 3, au lieu de 11 hect. 2. A 20 francs l'hectolitre seulement, cet excédant vaut 346 frans ; l'engrais n'a coûté que 324 francs, il y a donc un bénéfice certain de 19 francs, plus la valeur de l'excédant de paille qui est de 3,273 kil., sans parler des éléments de fertilité qui restent dans le sol pour les années suivantes. On voit donc que, même sur cette terre exceptionnellement fertile, l'emploi de l'engrais complet est avantageux.

Le n. 5 montre que l'azote est excessivement utile puisque sa suppression fait descendre l'excédant de 14 hect. 3.

Les n°s 6 et 7 montrent que les phosphates et la potasse sont également utiles. Enfin le n° 9, en vérifiant les résultats précédents, montre que l'azote, sans minéraux, ne produit aucun effet.

Conclusion : Sur cette terre on doit avoir recours à l'engrais complet pour la production du froment.

3° *Champ d'expériences établi sur une terre médiocre du département de la Charente.* — BETTERAVES.

Récolte à l'hectare.

		RACINES —	EXCÉDANTS sur la terre sans engrais —
N° 1.	— Fumier de ferme, 60,000k ..	40,000k	31,400k
N° 2.	— Fumier de ferme, 30,000 ...	34.000	25,400
N° 3.	— Engrais complet intensif....	41,908	33,300
N° 4.	— Engrais complet ordinaire...	60.000	51,400
N° 5.	— Sans matière azotée	65 500	56,900
N° 6.	— Sans phosphates...........	15,900	7,300
N° 7.	— Sans potasse..............	65,000	56,400
N° 8.	— Sans chaux...............	63,200	54,600
N° 9.	— Sans minéraux (azote seul).	11,200	2,600
N° 10.	— Sans engrais	8,600	0
N° 11.	— Guano du Pérou, 1,000k ...	48,500	39,900

Ces résultats seraient absolument incroyables s'ils ne portaient en eux-mêmes leur vérification et leur explication. Qui pourrait, en effet, admettre qu'une terre assez déshéritée pour ne donner que 8.600 kil. de betteraves à l'hectare sans engrais et 40.000 kil. seulement avec 60.000 kil. de fumier de ferme, puisse produire 65.500 kil. avec un engrais qui ne renferme pas trace d'azote. C'est pourtant, là ce qui est arrivé et pour mettre notre affirmation à cet égard à l'abri de toute contestation, il nous suffira de dire que cette expérience a été faite par M. CAIL à son domaine des Plants et par les soins de son très-distingué régisseur M. PIMPIN aîné. Les faits sont donc incontestables, examinons leur signification.

1° Les engrais sans azote, sans chaux et sans potasse donnent des rendements très-élevés, donc le sol est suffisamment pourvu de ces trois éléments.

2° L'engrais sans phosphates ne donne qu'un très-faible rendement, donc la terre est extrêmement pauvre en phosphates.

A la lumière de ces deux observations tout ce qu'il y a de bizarre dans ces résultats reçoit son explication.

En effet, la matière azotée employée seule au carré n° 9 donne-t-elle un très-faible rendement? Il n'y a rien là qui nous surprenne, puisqu'elle n'a apporté au sol qu'un élément qu'il possédait déjà et ne lui a rien fourni de ce qui lui manque.

Pourquoi le fumier de ferme produit-il moins d'effet que les engrais chimiques? Parce que, récolté sur une terre pauvre en phosphates, il est nécessairement pauvre en phosphates comme elle et ne lui fournit pas, par conséquent, l'élément qui lui fait essentiellement défaut.

Pourquoi les engrais complets produisent-ils moins que les engrais sans potasse et sans azote? Parce qu'en apportant en même temps que des phosphates de grandes quantités de potasse et d'azote, ils ne diminuent pas suffisamment la pénurie relative des phosphates. Le rapport entre les phosphates et les autres éléments est beaucoup moins modifié qu'avec les engrais qui ne contiennent pas d'azote où pas de potasse, et comme la fertilité d'une terre dépend bien plus du rapport qui existe entre ses divers éléments assimilables que de leurs quantités absolues, la fertilité se trouve moindre là où nous donnons, en même temps que l'élément qui fait défaut, ceux qui existent déjà en suffisante quantité. Tout naturellement ce défaut d'équilibre se fait sentir beaucoup plus fortement avec l'engrais intensif qu'avec l'engrais complet. D'ailleurs il a été encore aggravé par la sécheresse extrême qui a régné pendant toute la saison. En temps sec, en effet, les phosphates moins solubles que les autres éléments de l'engrais complet pénètrent plus difficilement dans la plante. Il en résulte forcément entre l'absorption des phosphates et celle des autres éléments une disproportion d'autant plus grande que la terre est plus riche en produits plus solubles et que la saison est plus sèche. Donc, rien de surprenant à ce que l'engrais intensif ait produit moins que l'engrais complet, et à ce que l'un et l'autre aient donné de moindres rendements que les engrais incomplets phosphatés.

Enfin le résultat donné par le guano du Pérou vient encore corroborer toutes ces explications. Ici, en effet, nous avons apporté des phosphates et de l'azote, mais pas de potasse. Cet engrais correspond donc par sa composition à l'engrais sans potasse : rien de surprenant à ce qu'il ait donné un bon résultat. Toutefois on remarquera qu'il existe encore une différence de 14.500 kil. entre les rendements de ces deux engrais. Si cependant on compare leur composition, on trouve que le guano était beaucoup plus riche que l'engrais sans potasse, ainsi que le montre le tableau suivant :

	Dans 1000 kil. de Guano du Pérou.	Dans 1200 kil. d'engrais sans potasse.
Azote........	135 k	71 k
Acide phosphorique...	120	60

Si l'on ne tenait compte que de la quantité des éléments apportés on serait donc disposé à croire que le guano devait donner un résultat supérieur. Mais il faut aussi tenir compte de leur assimilabilité, et le résultat prouve que les éléments utiles sont beaucoup moins assimilables dans le guano que dans les engrais chimiques, puisqu'à dose double leur effet est beaucoup moindre.

Cette expérience n'est pas moins instructive au point de vue économique. Rapprochons, en effet, la valeur des excédants de récolte de la valeur des engrais qui les ont produits.

		Excédant de récolte.	Valeur de cet excédant.	Valeur de l'engrais.		Perte ou Bénéfice
N° 1	Fumier 60,000k.	31.400k	565f 20	600f	Perte.	34f 80
N° 2	Fumier 30,000k.	25.400	457 20	300	Bénéf.	157 20
N° 3	Complet intensif.	33.300	599 40	504	d°	95 40
N° 4	Complet........	51.400	925 20	360	d°	565 20
N° 5	Sans azote......	56.900	1024 20	207	d°	817 20
N° 6	Sans phosphates.	7.300	131 40	292	Perte.	160 60
N° 7	Sans potasse....	56.400	1015 20	294	Bénéf.	721 20
N° 8	Sans chaux.....	54.600	982 80	351	d°	631 80
N° 9	Sans minéraux..	2.600	46 80	207	Perte.	160 20
N° 10	Guano du Pérou.	39.900	718 20	315	Bénéf.	403 20

Ces chiffres montrent combien les résultats peuvent varier suivant que les engrais employés sont plus ou moins en rapport avec les besoins de la terre et combien les champs d'expériences sont utiles en faisant connaître ces besoins avec une perfection qu'aucun système d'essai chimique ou autre n'a pu atteindre jusqu'ici.

Nous pourrions multiplier beaucoup ces exemples, mais ce serait sortir des limites que nous impose la nature de ce petit guide. Nous pensons que ceux que nous venons de citer suffiront à préciser le sens des indications précieuses que l'on peut tirer des champs d'expériences disposés comme le conseille M. G. Ville.

Nous ne saurions trop recommander aux personnes qui désirent faire une expérience d'analyse du sol par la végétation de conserver exactement les dispositions que nous venons d'indiquer et qui ont été conçues de manière à porter en elles la vérification de tous les résultats obtenus. Nous leur recommandons en outre, et cela *tout particulièrement*, de veiller *personnellement* à l'épandage des engrais, au numérotage des carrés, au battage *à part* des récoltes et à leurs pesées ; car il importe surtout que les résultats d'une expérience décisive ne soient pas faussés par la négligence des valets de ferme, qui n'aiment pas les essais et ne s'y prêtent le plus souvent qu'avec répugnance.

Dans bien des cas il n'est pas nécessaire de recourir à des essais aussi multipliés pour se procurer des données très-précieuses sur la richesse du sol que l'on cultive.

Dans une ferme d'une grande étendue et possédant des terres de qualités diverses, par exemple, il peut être utile de vérifier par de petits champs d'expériences disséminés çà et là les résultats du champ d'expériences principal, qu'il faut placer, autant que possible, à proximité des bâtiments afin de pouvoir lui donner plus commodément les soins qu'il réclame et en suivre plus facilement les indications.

Pour ces petits champs d'essai, il suffit en général de cultiver cinq parcelles, correspondant aux N°s 1, 4, 5, 9 et 10 de la série complète. Nous préparons à cet effet de petites caisses contenant les trois engrais suivants :

N° 4 Engrais complet.
N° 5 Engrais sans matière azotée.
N° 9 Engrais sans minéraux.

On peut même, dans bien des cas, se borner à répandre çà et là au milieu des champs cultivés quelques poignées de chacun de ces engrais en plantant à la place qu'ils occupent un piquet indiquant leur numéro. Il suffit ensuite de constater l'aspect des plantes sur ces divers points pour s'assurer de l'identité ou des divergences de composition entre la terre ainsi essayée et celle du champ d'expériences.

Nous ne saurions trop engager tous nos correspondants à organiser sur leurs terres de semblables essais. Ils arriveront, à leur aide, à connaître très-exactement le fort et le faible de leur situation agricole. Ils se familiariseront peu à peu avec l'aspect des plantes qui croissent sur des engrais incomplets ; si bien qu'ils finiront par reconnaître, presque sûrement, à la physionomie des plantes qui croissent sur une terre, quels sont les éléments qui lui font défaut. Enfin les champs d'expériences leur permettront, mieux que les meilleures analyses chimiques, de se renseigner sur la véritable valeur de tous les engrais qu'ils peuvent avoir à leur disposition ou que le commerce leur offre journellement. Les engrais analyseurs, en effet, étant des types bien définis et parfaitement caractérisés, il suffira de comparer l'excédant de récolte obtenu à l'aide d'un engrais quelconque à ceux qu'ils ont produits, pour savoir quelle valeur il convient de lui attribuer.

Nous ne pouvons terminer cet article sans nous élever contre la funeste idée qu'ont eue certains agriculteurs de substituer aux essais méthodiques que nous venons d'indiquer des essais de toutes sortes d'engrais, à dépense égale. Ils sont ainsi arrivés à des résultats bizarres qui n'ont fait que jeter le trouble dans les esprits et qui les ont conduits le plus souvent à des conclusions complètement erronées. C'est à richesse égale qu'il faut comparer les engrais et non à dépense égale, car, ainsi qu'on l'a vu précédemment, ce n'est pas toujours l'engrais qui apporte le plus d'éléments de fertilité qui donne le meilleur résultat. A richesse égale, au contraire, le plus fort produit est toujours donné par l'engrais le plus assimilable. Un seul exemple suffira pour faire comprendre le vice des essais à dépense égale.

Que l'on veuille comparer l'effet du sulfate d'ammoniaque avec celui du guano et que l'on emploie, pour des betteraves, ces deux engrais à dépense égale, soit pour 400 fr. à l'hectare de chacun.

Pour ce prix on aura :

Sulfate d'ammoniaque 869 k contenant azote	....	174 k »»
Guano du Pérou 1269 k contenant	Azote	171,31
	Acide phosphorique.	151 »»

Qu'adviendra-t-il de l'emploi de ces deux engrais?

1° Si la terre est dépourvue de potasse, ils ne donneront l'un et l'autre que de fort mauvais résultats : cela prouvera-t-il que ce soient de mauvais engrais?

2° Si la terre est abondamment pourvue de potasse et manque de phosphates, le guano donnera un résultat excellent et le sulfate d'ammoniaque en donnera un très-mauvais : cela prouvera-t-il que l'azote du sulfate d'ammoniaque soit moins utile que celui du guano?

3° Si la terre est abondamment pourvue de minéraux (potasse, phosphates et chaux), le sulfate d'ammoniaque donnera un résultat notablement supérieur à celui du guano : pourra-t-on en conclure que c'est un meilleur engrais?

Veut-on au contraire porter un jugement sûr? Que l'on compare les effets du guano à richesse égale avec l'engrais sans potasse et que l'on compte, comme nous l'avons fait pour l'expérience de M. Gail, les avantages obtenus par chaque engrais en retranchant la dépense faite de la valeur de l'excédant de récolte obtenu. Alors le meilleur engrais sera bien évidemment celui qui, en fin de compte, donnera le plus fort bénéfice ou la moindre perte, pourvu toutefois que la terre sur laquelle on opère soit pourvue de potasse et que l'on n'emploie pas des doses exagérées des engrais à essayer.

Le premier point est jugé par l'ensemble du champ d'expériences et pour assurer le second on n'a qu'à se conformer aux doses que nous avons indiquées.

Détermination des exigences particulières des plantes.

(Recherche des dominantes.)

Pour connaître les besoins particuliers des plantes que l'on désire cultiver, il n'y a qu'à faire sur une terre épuisée ou peu fertile un champ d'expériences semblable à celui que nous venons de décrire avec chacune des plantes à étudier.

Supposons que l'on ait établi deux champs d'essais, l'un sur le froment, l'autre sur les féveroles. A la récolte les engrais complets auront donné sur chaque plante le maximum de produit, mais on observera de grandes différences dans la manière dont se seront comportés les carrés à engrais incomplets. Tandis, en effet, que l'absence de la potasse aura faiblement abaissé le renpement du carré n° 7 pour le blé, sur les féveroles elle l'aura, au contraire, très-fortement amoindri. D'un autre côté le carré n° 5 (sans azote), qui sera très-mauvais pour le blé, sera au contraire excellent pour les féveroles et aussi bon que le carré n° 4. Enfin le blé venu sur le n° 9 (azote seul), étant peu inférieur à celui du n° 4, les féveroles du n° 9 seront, au contraire, aussi mauvaises que celles du n° 10, sans engrais. De cet ensemble de constatations, on conclura sans crainte d'erreur que l'azote, qui exerce une grande influence sur le rendement du blé, n'en exerce aucune sur le rendement des féveroles, et qu'au contraire, la potasse qui agit peu sur le blé, produit un effet extrêmement favorable sur les féveroles, ou, en d'autres termes, que l'azote est la *domiminante* du blé et que la potasse est celle des féveroles.

C'est à l'aide de cette méthode que M. G. Ville est parvenu à déterminer les dominantes d'un certain nombre de plantes. Pour éviter ce travail aux agriculteurs qui pourraient en avoir besoin, nous donnons ici le tableau des *dominantes* aujourd'hui connues.

PLANTES CULTIVÉES	DOMINANTES	PRODUITS CHIMIQUES CORRESPONDANTS
Froment Colza Orge Avoine Seigle Prairies naturelles Betteraves	Azote	Sulf. d'ammoniaque. Nitrate de soude. Nitrate de potasse.
Pois Haricots Féverolles Trèfle Sainfoin Vesces Luzerne Lin Pommes de terre	Potasse	Nitrate de potasse. Carbonate de potasse. Silicate de potasse.
Sarrazin Turneps Rutabagas Maïs Canne à sucre Sorgho Navets Topinambours	Acide phosphorique	Phosphates. Superphosphates.

Il est bien entendu que, lorsque nous disons que l'azote est la dominante du froment ou des betteraves, cela ne signifie pas que ces plantes peuvent se passer des autres éléments, mais seulement qu'elles ont une préférence tellement marquée pour l'azote que, la terre étant pourvue de tous les éléments, c'est en quelque sorte la quantité d'azote qu'elle contient qui règle le rendement de ces cultures.

Les assolements.

La connaissance de la composition du sol et des dominantes éclaire d'un jour tout nouveau la pratique des assolements.

Il nous est évidemment impossible d'entrer dans le détail et dans la discussion de tous les assolements pratiqués et praticables. D'ailleurs ces questions ne peuvent se résoudre *à priori*. C'est à l'expérience qu'il appartient de prononcer.

Nous voulons cependant montrer quel est l'esprit qui doit présider à la direction de l'assolement, lorsqu'on se propose de le conduire au moyen des engrais chimiques.

Sous le rapport des plantes à cultiver, on doit toujours ouvrir la rotation par une plante sarclée qui nettoie le sol et ensuite faire alterner autant que possible les plantes à racines superficielles, avec les plantes à racines profondes, les plantes à dominante azotée avec les plantes à dominante minérale.

Sous le rapport des engrais, on devra ouvrir la rotation par un engrais complet approprié à la plante sarclée, c'est-à-dire dans lequel on a fait dominer la *dominante* de la plante à cultiver. On donnera ensuite, chaque année, des engrais incomplets contenant les *dominantes* des cultures que la terre devra porter.

Voici quelques exemples de l'application de ces principes, pris parmi les assolements les plus utiles et les plus usités :

ANNÉES	PLANTES A CULTIVER	ENGRAIS A EMPLOYER	DOSE A L'HECTARE
	1° Assolement de trois ans.		
1re année.	Pommes de terre.......	Complet n° 3...........	1,000 kil.
2e —	Froment................	Sulfate d'ammoniaque...	400 —
3e —	Avoine.................	Sulfate d'ammoniaque...	200 —
	2° Assolement de quatre ans.		
1re année.	Colza d'hiver..........	Complet n° 6...........	1,300 —
2e —	Froment d'automne......	Cendres des pailles et siliques de colza.......	
		Sulfate d'ammoniaque...	300 —
3e —	Trèfle, pois, haricots ou féverolles...........	Incomplet n° 2.........	1,000 —
4e —	Froment................	Sulfate d'ammoniaque...	300 —
	3° Assolement de cinq ans.		
1re année.	Betteraves.............	Complet n° 2...........	1,200 —
	ou Pommes de terre....	Complet n° 3...........	1,000 —
2e —	Froment................	Sulfate d'ammoniaque...	300 —
3e —	Trèfle, pois, haricots ou féverolles...........	Incomplet n° 2.........	1,000 —
4e —	Froment................	Sulfate d'ammoniaque ..	300 —
5e —	Avoine, seigle ou orge..	Sulfate d'ammoniaque...	200 —
	4° Autre assolement de cinq ans.		
1re année.	Turneps, rutabagas ou maïs.................	Complet n° 5...........	1,200 —
2e —	Froment................	Sulfate d'ammoniaque...	400 —
3e —	Trèfle, pois, vesces ou féverolles............	Incomplet n° 2.........	1,000 —
4e —	Froment................	Sulfate d'ammoniaque...	300 —
5e —	Avoine, seigle ou orge..	Sulfate d'ammoniaque...	200 —
	5° Assolement de six ans.		
1re année.	Lin....................	Incomplet n° 2.........	1,000 —
2e —	Betterave..............	Complet n° 2...........	1,200 —
3e —	Froment................	Sulfate d'ammoniaque...	300 —
4e —	Colza..................	Incomplet n° 1.........	1,000 —
5e —	Froment................	Sulfate d'ammoniaque...	300 —
		Cendres des pailles et siliques de colza.......	
6e —	Avoine, seigle ou orge..	Sulfate d'ammoniaque...	200 —

Emploi des engrais chimiques concurremment avec le fumier de ferme.

Comme nous l'avons dit au commencement de cette notice, il est impossible que la ferme produise du fumier en quantité suffisante pour maintenir et augmenter la fertilité du sol ; toutefois la ferme en produit nécessairement, ne fût-ce que par les animaux de trait qu'elle est obligée d'entretenir. C'est là une richesse qu'il faut bien se garder de négliger. Loin de nous la pensée de proscrire le fumier de ferme ; nous pensons, au contraire, que les engrais chimiques sont appelés à en rendre la production plus abondante, plus facile et moins coûteuse, en permettant d'améliorer largement les prairies artificielles sur lesquelles le fumier n'exerce qu'une très-faible influence. Il faut donc apprendre à faire concourir les engrais chimiques en même temps que le fumier à la production des récoltes, et à cet effet nous croyons utile de reprendre les assolements précédents et de montrer comment il convient d'y faire entrer le fumier de ferme à côté des engrais chimiques qui le compléteront en lui apportant chaque année le surcroît d'éléments de fertilité nécessaire pour lui faire produire des rendements intensifs.

ANNÉES	PLANTES A CULTIVER	ENGRAIS A EMPLOYER	DOSE A L'HECTARE
	1° Assolement de trois ans.		
1re année.	Pommes de terre........	Fumier de ferme....... Incomplet n° 2..........	20,000 kil. 500 —
2e —	Froment...............	Sulfate d'ammoniaque...	200 —
3e —	Avoine................	Sulfate d'ammoniaque...	200 —
	2° Assolement de quatre ans.		
1re année.	Colza d'hiver...........	Fumier de ferme....... Complet n° 6...........	40,000 — 650 —
2e —	Froment...............	Cendres des fanes et siliques de colza. .. ... Sulfate d'ammoniaque...	 200 —
3e —	Trèfle, pois, haricots ou féverolles...........	Incomplet n° 2.........	500 —
4e —	Froment...............	Sulfate d'ammoniaque...	200 —
	3° Assolement de cinq ans.		
1re année.	 Betteraves.............. ou Pommes de terre. ...	Fumier de ferme....... Engrais complet n° 2.... Engrais incomplet n° 2..	40,000 — 600 — 500 —
2e —	Froment...............	Sulfate d'ammoniaque...	300 —
3e —	Trèfle, pois, haricots ou féverolles...........	Incomplet n° 2..........	500 —
4e —	Froment...............	Sulfate d'ammoniaque...	200 —
5e —	Avoine, seigle ou orge..	Sulfate d'ammoniaque...	200 —
	4° Autre assolement de cinq ans.		
1re année.	 Turneps, rutabagas ou maïs..................	Fumier de ferme....... Complet n° 5...........	40,000 — 600 —
2e —	Froment...............	Sulfate d'ammoniaque...	200 —
3e —	Trèfle, pois, haricots ou féverolles..	Incomplet n° 2.........	500 —
4e —	Froment...............	Sulfate d'ammoniaque...	200 —
5e —	Avoine, seigle ou orge..	Sulfate d'ammoniaque...	200 —
	5° Assolement de six ans.		
1re année.	Lin....................	Incomplet n° 2.........	1,000 —
2e —	Betteraves.............	Fumier de ferme....... Complet n° 2...........	40,000 — 800 —
3e —	Froment...............	Sulfate d'ammoniaque...	200 —
4e —	Colza repiqué..........	Incomplet n° 1.........	600 —
5e —	Froment...............	Cendres des fanes et siliques de colza....... Sulfate d'ammoniaque...	 300 —
6e —	Avoine, seigle ou orge..	Sulfate d'ammoniaque...	200 —

Dans la dernière formule nous ne faisons donner le fumier que pour la seconde année, parce que le lin se trouverait mal des matières azotées qu'il apporte. Sur engrais fortement azoté, le lin mûrit difficilement, reste vert et ne donne pas sensiblement plus de récolte que sans azote.

Les cendres des fanes et siliques de colza, que nous conseillons de répandre sur le sol dans plusieurs des assolements précédents, sont destinées à y conserver la potasse du colza, presque entièrement contenue dans ces parties de la récolte. Dans certaines fermes où les champs de colza ne sont pas très-éloignés des étables, il peut être plus avantageux de faire entrer ces produits dans la nourriture et l'empaillement du bétail. C'est à l'agriculteur de juger quelle est celle de ces deux pratiques qui lui paraît la plus économique. La première fait perdre l'azote des fanes et siliques, mais n'exige presque aucune main-d'œuvre; la seconde utilise une partie de cet azote, mais occasionne des frais de transport. Si on se décide pour la première, voici comment il convient d'opérer :

Aussitôt le battage des colzas effectué sur un coin du champ même qui les a produits, on forme un tas des fanes et siliques et on y met le feu. Lorsque la matière est réduite en cendres bien consumées, on les mélange avec une certaine quantité de terre du champ, de manière à faire un tas assez volumineux pour pouvoir le répandre facilement sur toute sa surface, épandage que l'on fait à la volée, comme s'il s'agissait de semer du grain. On laboure ensuite et on sème le blé sans engrais. Au printemps on répand le sulfate d'ammoniaque en couverture. Si on employait ce dernier en même temps que les cendres, on s'exposerait à une déperdition d'azote.

Conservation, épandage et emploi des engrais chimiques.

Conservation. — Les engrais chimiques, dans l'état où nous les livrons à l'agriculture, sont d'une conservation très-facile. Il suffit d'entasser les sacs dans un lieu bien sec. Ils peuvent être conservés indéfiniment sans rien perdre de leur valeur. A la longue, il arrive quelquefois que la poudre se reprend faiblement en masse, mais il suffit de la battre avec le dos d'une pelle pour la briser de nouveau.

Epandage. — Les engrais chimiques doivent être répandus d'une manière parfaitement régulière à la surface du champ, car, leur puissance étant très-grande, s'il arrivait qu'ils fussent accumulés par places, les plantes pourraient être brûlées sur certains points et manquer d'engrais sur certains autres. On ne peut obtenir un bon résultat qu'à l'aide d'engrais bien pulvérisés et parfaitement mélangés. C'est pourquoi nous donnons à ces deux opérations des soins tout particuliers.

On ne doit jamais, dans aucun cas, déposer une poignée d'engrais chimique au pied d'une plante quelconque, sans avoir le soin de le bien mélanger avec un volume assez considérable de terre ; car l'engrais déposé seul et en tas ne manquerait pas de tuer la plante ainsi traitée.

Il existe aujourd'hui, dans presque toutes les fermes d'une certaine importance, d'excellents semoirs à engrais pulvérulents, qui s'appliquent avec une grande perfection à l'épandage des engrais chimiques. Lorsqu'on ne possède pas ces machines, il faut les répandre à la volée comme la semence et par un temps calme, afin qu'ils ne soient pas entraînés par le vent. Pour faciliter cette opération en augmentant le volume de matière à répandre, on peut mélanger préalablement l'engrais avec quatre ou cinq fois son volume de terre, et répandre ensuite le tout ensemble. La plupart des agriculteurs qui emploient nos engrais se dispensent du mélange avec la terre, et les font simplement répandre à la volée, opération rendue très-facile par leur état pulvérulent.

En général, il est bon que l'engrais soit faiblement enterré. On obtient ce résultat en le répandant sur le champ, préalablement labouré, et en y faisant ensuite passer la herse, qui mélange l'engrais avec la couche superficielle du sol. On peut ensuite semer au moyen du semoir mécanique ou à la volée. On enterre la semence par un second hersage. C'est le procédé qui convient le mieux aux *céréales*. Pour les plantes à racines plus profondes, telles que la *betterave*, le *colza*, il est préférable de répandre l'engrais en deux fois, moitié avant le dernier labour et l'autre moitié après. L'engrais se trouve ainsi dans les diverses couches occupées par les racines. L'eau de la pluie se charge d'ailleurs de le disperser dans le sol et de le faire pénétrer aussi profondément que cela peut être nécessaire.

Lorsqu'on cultive en billons le mieux est de répandre l'engrais à plat et de faire ensuite les billons. L'engrais se trouve alors concentré dans la terre occupée par les racines des plantes et s'utilise plus complètement que dans la culture à plat.

Dans aucun cas les engrais chimiques ne doivent être répandus en même temps que la semence et dans le même sillon. Leur contact immédiat avec la graine pourrait souvent empêcher celle-ci de germer.

Pour les végétaux à racines très-profondes, tels que la *vigne*, les *arbustes* et les *arbres*, il est nécessaire de le répandre encore plus profondément. On fait alors entre les lignes, des fossés de $0^m,30$ à $0^m,40$ de profondeur et on les comble avec de la terre à laquelle on mélange à mesure l'engrais que l'on veut employer, en ayant soin de conserver en arrivant à la surface une épaisseur de $0^m,10$ au moins sans engrais, car autrement la croissance des mauvaises herbes se trouve singulièrement favorisée.

Si les *arbres* ou *arbustes* sont isolés ou épars, on peut répandre l'engrais uniformément à la surface du sol autour du pied et dans un rayon à peu près égal à celui qu'occupent les racines. On retourne ensuite le sol par un bêchage aussi profond que possible. L'engrais se trouve ainsi, du même coup, mélangé à la terre et mis au niveau des racines.

Pour la *vigne*, lorsqu'elle est éparse, on peut relever la terre sur le pied, répandre l'engrais dans le fossé circulaire ainsi formé, et rabattre ensuite la terre pour le recouvrir. Toutes les fois que l'on fait un provin, il faut en profiter pour donner de l'engrais. A cet effet, on mélange 100 grammes d'engrais complet N° 4 avec la couche de terre qui forme le fond du provin ; on le comble ensuite avec de la terre à laquelle on mélange encore 100 grammes d'engrais. De la sorte le cep planté en a reçu 200 grammes, dose très-suffisante pour deux ans.

Moment favorable. — Le moment favorable pour l'épandage des engrais chimiques est très-variable, suivant les cultures et suivant les engrais employés. Comme ils ne doivent, pour agir, éprouver aucune décomposition préalable, il est bon, en général, de les répandre quelques jours seulement avant de semer. Pour les céréales, et lorsque l'on emploie du sulfate d'ammoniaque seul, il vaut mieux le répandre en couverture au printemps, car on évite ainsi la déperdition qui aurait pu se faire pendant l'hiver par suite du lavage de la terre par les eaux. Tous les engrais chimiques peuvent d'ailleurs être employés de la même manière lorsque le temps n'a pas permis de les répandre avant de semer, ce qui est toujours préférable pour les engrais complets et incomplets qui contiennent des minéraux. Lorsqu'on veut répandre les engrais chimiques en couverture, il faut choisir un temps calme et assez sec pour que les jeunes feuilles ne soient pas mouillées et n'arrêtent pas la poudre fertilisante, qui pourrait exercer sur elles une action nuisible. On donne ensuite un coup de herse si cela est possible, sinon, il est bon de faire l'opération par un temps qui menace pluie, car, s'il tombe de l'eau immédiatement après, on est sûr d'obtenir de l'engrais employé le maximum d'effet utile.

Les engrais chimiques ainsi répandus en couverture sur des cultures encore jeunes peuvent souvent servir à sauver une récolte qui s'annonce mal en donnant à la plante une vigueur nouvelle, qui lui permet de rattraper le temps qu'elle a perdu par suite de circonstances atmosphériques défavorables. C'est ainsi que 200 kilogrammes de sulfate d'ammoniaque, répandus au printemps sur un blé dont les feuilles jaunes attestent la faiblesse, suffisent souvent à assurer une récolte compromise par les accidents météorologiques. Dans l'avenir, les agriculteurs habiles sauront tirer un parti très-avantageux de ce mode d'emploi des engrais chimiques. Pour le moment, nous recommandons à ceux qui se proposeront d'y recourir une très-grande prudence, car il faut craindre de dépasser le but et de faire verser la récolte, en rompant l'équilibre entre les divers éléments qui l'alimentent.

La *betterave*, les *pommes de terre* peuvent aussi recevoir des fumures additionnelles, lorsque la saison est déjà avancée. On doit alors avoir soin de donner un binage immédiatement après avoir répandu l'engrais.

Lorsqu'on emploie les engrais chimiques en couverture, il faut avoir bien soin d'attendre que les graines soient bien levées et que le plant ait déjà acquis une certaine force.

Pour les plantes qui doivent être repiquées, il faut répandre l'engrais quelques jours avant le repiquage, ou attendre que le plant soit bien pris pour le répandre après, s'il a été impossible de le faire avant.

Les engrais chimiques destinés aux *prairies irriguées* doivent être répandus au printemps, alors que la végétation commence à prendre son essor. Peut-être se trouverait-on bien de fractionner les doses et d'en répandre une immédiatement après chaque coupe de fourrage. On réduirait ainsi au minimum possible l'entraînement par les eaux.

Pour les *prairies naturelles non irriguées*, il faut répandre les engrais à l'automne, après la dernière coupe.

On a pu remarquer que, pour tous les assolements que nous avons indiqués où figure le trèfle, cette légumineuse succède au froment. On la sème ordinairement dans ce dernier, afin qu'à la saison suivante elle soit assez forte pour donner un bon rendement. On répand alors l'engrais qui lui est destiné sur la prairie artificielle vers la fin de l'automne, après la première fauchaison.

Pour les *luzernières* on opère de même ; c'est toujours à l'automne, après la dernière coupe, qu'il faut répandre les engrais chimiques ; car ici, les racines étant très-profondes, il y a tout avantage à ce que les pluies d'hiver fassent pénétrer profondément les engrais.

Lorsque la luzerne est semée dans un froment, on procède comme pour le trèfle. Si, au contraire, elle doit être semée sur labour, il est préférable de répandre l'engrais qui lui est destiné avant le labour, afin qu'il soit enterré le plus profondément possible.

Si les engrais chimiques doivent être employés en même temps que le fumier, on commence par enterrer celui-ci par un bon labour et on répand ensuite l'engrais chimique à la surface comme nous l'avons précédemment indiqué.

Epandage en dissolution. — On nous demande souvent s'il ne serait pas possible de dissoudre les engrais chimiques dans l'eau et de les employer en arrosages. Ce procédé n'est pas rigoureusement impossible, mais comme il faudrait employer des quantités d'eau très-considérables pour obtenir une dissolution qui ne fût pas nuisible aux plantes sur lesquelles elle serait répandue, il n'y aurait aucun avantage à procéder ainsi. Il vaut infiniment mieux répandre les engrais en poudre, les mélanger avec la terre et donner ensuite des arrosages destinés à les dissoudre si l'on ne veut attendre les effets de la pluie. C'est principalement au jardinage que s'applique cette indication, car, en grande culture, il serait difficile de songer à l'emploi des engrais à l'état liquide, lorsqu'il est si facile et si avantageux de les répandre à l'état pulvérulent.

Deux de nos correspondants nous affirment cependant avoir obtenu de bons résultats par l'emploi des engrais chimiques en arrosages, principalement sur des fleurs et sur des melons. Nous croyons devoir signaler ce fait à l'attention des horticulteurs bien que nous ne soyons pas partisan en général de ce mode d'emploi par lequel on est beaucoup trop exposé à dépasser le but.

RENSEIGNEMENTS COMMERCIAUX

COMPOSITION. — GARANTIE COMMERCIALE

En commençant ce petit guide nous avons défini avec tout le soin possible les matières premières qui entrent dans la composition de nos engrais chimiques, ou qui peuvent être elles-mêmes employées directement comme engrais incomplets. Pour les engrais fabriqués nous avons indiqué les formules que nous suivons et rien n'est plus facile, dès lors, que de calculer leur richesse en éléments de fertilité d'après celle des matières premières. Nous espérons que la netteté de notre exposé suffira pour persuader à nos correspondants que notre fabrication ne renferme aucun mystère et que nous mettons tous nos soins à appliquer exactement et judicieusement la méthode que nous avons toujours défendue. Toutefois, comme il nous est impossible d'affirmer que, malgré les précautions minutieuses qui sont prises dans nos ateliers, il ne se glissera jamais aucune erreur dans nos envois, nous nous tenons sans cesse à la disposition de nos clients pour réparer celles que nous aurions pu commettre à notre insu. En revanche, on nous permettra, sans doute, de n'y croire que lorsqu'elles sont démontrées et de prendre quelques précautions pour que la démonstration soit concluante. Or, il est des erreurs faciles à établir, ce sont celles qui portent sur une fausse dénomination, une adresse mal mise, etc., etc... Mais il en est d'autres qui ne peuvent être constatées que par l'analyse, et l'analyse est elle-même sujette à erreur dans des proportions beaucoup plus larges qu'on ne se l'imagine généralement.

Il nous est, en effet, fréquemment arrivé de recevoir de plusieurs chimistes, auxquels nous avions envoyé un même échantillon, des résultats fort différents. Le même chimiste analysant plusieurs fois le même échantillon arrive quelquefois à des dosages qui peuvent varier du simple au double.

Faut-il en conclure que l'analyse chimique est impuissante? Assurément non, et nous espérons pouvoir le démontrer bientôt en publiant les procédés que nous suivons et les résultats qu'ils nous ont permis d'obtenir. Mais le sujet est neuf et n'a pas encore été suffisamment exploré pour que tous les essayeurs soient au courant des meilleures méthodes, et suffisamment exercés à leur maniement pour ne commettre aucune erreur dans leur application.

La prise de l'échantillon peut elle-même donner lieu à des erreurs importantes surtout pour de la marchandise qui a subi des transports et quelquefois des avaries.

On comprendra dès lors qu'il nous est impossible d'accueillir des réclamations fondées sur des analyses d'échantillons pris sans notre concours et faites par des chimistes inconnus de nous, avec qui nous n'avons pu discuter les méthodes qui doivent être suivies.

Afin donc d'offrir à nos clients toutes les garanties désirables et de nous mettre nous-même à l'abri des réclamations mal fondées, nous laissons à nos acheteurs la liberté de ne payer nos produits qu'après analyse pourvu qu'ils se conforment aux conditions suivantes :

1° Un échantillon sera pris sur la marchandise au départ de nos ateliers et en présence de l'acheteur ou d'une personne déléguée par lui à cet effet.

2° L'analyse sera faite par un chimiste de Paris, désigné d'un commun accord et auquel sera remis l'échantillon revêtu de notre cachet et de celui de l'acheteur ou de son représentant.

3° Les frais d'analyse seront partagés entre l'acheteur et nous.

4° Les éléments utiles trouvés seront facturés par nous aux prix indiqués dans notre tarif à cet effet.

5° Pour les engrais préparés nous ajoutons au prix ainsi établi 1 fr. 50 par 100 kilog. pour frais de mélange et pulvérisation.

6° La quantité demandée ne pourra être moindre de 5000 kilog.

Transports.

Les engrais chimiques livrés par nous à notre usine de LA VILLETTE voyagent aux frais et risques du destinataire. Nous croyons néanmoins utile de donner ici quelques renseignements qui permettront à chacun d'estimer, au moins approximativement, les frais de transport des engrais qu'il se proposerait de nous demander.

Transports par fer. — Sur les chemins de fer de l'Empire, les engrais jouissent, en général, d'un tarif spécial pourvu qu'ils soient expédiés par wagons complets, c'est-à-dire par quantités de 5000 kilog. et au-dessus. Au-dessous de 5000 kilog., ils sont soumis à des tarifs plus élevés qui varient d'une compagnie à l'autre. Dans tous les cas, il faut ajouter au prix du transport, des frais de gare pour chargement et déchargement, proportionnels au poids de marchandise expédiée.

On trouvera dans le tarif général des chemins de fer publié par la maison *Chaix* l'indication précise de tous ces frais. Nous en extrayons les renseignements suivants qui permettront de déterminer au moins approximativement les frais de transport pour une quantité et une distance données :

Chemin de fer du Nord.

1° **Pour chargements inférieurs à 5000 kilog. —** 4e Série du Tarif général.

Les prix de cette série sont établis pour chaque gare; en extrayant une moyenne, nous trouvons qu'ils ressortent à 0 fr. 10 c. par tonne (1000 kilog.) et par kilomètre.

Les frais de gare sont de 1 fr. 50 par tonne.

2° **Pour chargements de 5000 kilog. et au-dessus ou en payant pour ce poids s'il y a avantage:** — Tarif spécial n° 18 dont les prix sont ceux de la 6e série du Tarif général.

Ces prix sont également établis pour chaque gare; leur taux s'abaisse à mesure que la distance augmente. Voici les chiffres que nous en extrayons pour des distances déterminées :

	Prix par tonne et par kilom.
Pour 100 kilomètres	0 fr. 067
d° 200 d°	0 056
d° 300 d°	0 045

Les frais de gare sont de 1 fr. par tonne.

Chemin de fer de l'Est.

1° **Pour chargements inférieurs à 5000 kilog.** — 5e Série du Tarif général.

Les prix de cette série sont établis comme suit :

0 f. 08 c. par tonne et par kilomètre pour les parcours de 100 kilomètres et au-dessous.

0 f. 05 c. par tonne et par kilomètre pour les parcours de 101 à 300 kilomètres.

0 f. 04 c. par tonne et par kilomètre pour les parcours excédant 300 kilomètres.

Les frais de gare sont de 1 fr. 50 par tonne.

2° **Pour chargements de 5000 kilog. et au-dessus :** — Tarif spécial n° 20.

Les prix de ce tarif sont établis comme suit :

	Prix par tonne et par kilom.
Pour les parcours inférieurs à 100 kilom.	0 fr. 05
d° de 101 à 200 kilom. .	0 04
d° excédant 200 kilom. .	0 025

Les frais de gare sont de 0 fr. 40 par tonne.

Chemin de fer de Lyon et Méditerranée.

1° **Pour les chargements inférieurs à 5000 kilog.** — Série spéciale et Tarif général.

Les prix de cette série sont établis pour chaque gare ; nous en extrayons les chiffres ci-après pour des distances déterminées.

	Prix par tonne.	
Pour 50 kilomètres	3 fr.	»
d° 101 d°	4	»
d° 196 d°	7	»
d° 210 d°	7	30
d° 305 d°	10	60
d° 300 d°	17	40
d° 809 d°	30	»

Les frais de gare sont de 1 fr. 50 par tonne.

2° **Pour les chargements de 5000 kilog. et au-dessus :** — Tarif spécial n° 34.

Les prix sont établis comme suit :

	Prix par tonne et par kilom.	
Pour parcours inférieurs à 100 kilom .	0 fr.	06
d° de 101 à 200 kilom. .	0	05
d° de 201 kil. et au-dessus.	0	05

Les frais de gare sont de 0 fr. 40 par tonne.

Chemin de fer d'Orléans.

1° **Pour les chargements inférieurs à 5000 kilog :** — 4e Série du Tarif général.

Les prix de cette série sont établis comme suit :

	Prix par tonne.	
Pour parcours de 50 kilom.	6 fr.	50
d° 100 d°	5	»
d° 200 d°	10	»
d° 300 d°	12	»

Les frais de gare sont de 1 fr. 50 par tonne.

2° **Pour les chargements de 5000 kilog. et au-dessus:** Tarif spécial n° 17.

		Prix par tonne et par kilom.
Pour les parcours	jusqu'à 200 kilomètres.	0 fr. 05
d°	de 201 à 400 d°	0 04
d°	au-dessus de 400 kilom.	0 035

Frais de gare compris.

Chemin de fer du Midi.

1° **Pour les chargements inférieurs à 5000 kilog:** — Série spéciale du Tarif général.

Les prix de cette série sont fixés de la manière suivante :

	Prix par tonne et par kilom.
De 0 à 100 kilom.	0 fr. 08
De 101 à 300 kilom	0 05
De 301 kilom. et au-dessus.	0 04

Les frais de gare sont de 1 fr. 50 par tonne.

2° **Pour les chargements de 5000 kilog. et au-dessus :**

Les prix et conditions sont les mêmes que pour les expéditions inférieures à 5000 kilog.

Chemin de fer de l'Ouest.

1° **Pour les chargements inférieurs à 5000 kilog ;** — 6e Série du Tarif général.

Les prix de cette série sont établis pour chaque gare. Nous en extrayons les chiffres ci-après pour des distances déterminées.

			Prix par tonne.
Pour	60	kilom.	4 fr. 80
do	91	do	5 »
do	105	do	5 25
do	200	do	10 »
do	250	do	12 »
do	303	do	12 10
do	400	do	16 »

Les frais de gare sont de 1 fr. 50 par tonne.

2° **Pour les chargements de 5000 kilog. et au-dessus :**

Les prix et conditions sont les mêmes que pour les expéditions inférieures à 5000 kilog.

Les compagnies ne reçoivent que des colis en bon état de conditionnement et pesant exactement le poids indiqué sur la lettre de voiture. Elle doivent en conséquence les rendre de même aux destinataires. Elles sont responsables de toutes les avaries de route, de même que des erreurs de destination. Toutefois leur responsabilité cesse aussitôt que le destinataire a pris livraison.

Nous recommandons donc tout particulièrement à nos correspondants de vérifier avec soin les marques et l'état des colis avant de les faire charger sur leurs voitures. Nos factures sont toujours en leur possession avant l'arrivée de la marchandise. Ils y trouveront toutes les indications nécessaires pour reconnaître leurs envois. Nous insistons sur ce point parce qu'il nous est arrivé plusieurs fois que des engrais expédiés par nous ont reçu des fausses destinations. Toutes les fois que les sacs ne portent pas les marques indiquées en marge de la facture, il n'y a qu'à refuser la marchandise et à nous en aviser immédiatement pour que nous fassions, sans retard, une nouvelle expédition. Dans le cas où la marchandise est avariée, où les sacs sont en mauvais état, où on constate un manquant à la pesée, le destinataire a également le droit de refuser la marchandise ou d'en prendre livraison sous réserves. S'il la refuse il doit nous en aviser immédiatement en nous faisant connaître les motifs de son refus afin de nous mettre à même d'exercer notre recours contre la Compagnie. S'il préfère en prendre livraison sous réserves, il doit faire constater l'avarie par les agents de la Compagnie avant de laisser charger la marchandise sur ses voitures. Dans ce dernier cas, nous n'avons pas à intervenir, le débat a lieu entre le destinataire et la Compagnie, c'est donc à lui seul qu'il appartient de faire respecter ses droits.

Si l'avarie a eu pour résultat de faire perdre une certaine quantité de marchandise, le destinataire a le droit d'exiger le remboursement du manquant au prix porté sur sa facture. Si les sacs ont été labourés de coups de crochets et mis hors d'état d'être réemployés, il peut en outre réclamer le remboursement de la valeur des sacs. Enfin si la marchandise a été mouillée, elle peut avoir perdu une partie de sa valeur et c'est alors surtout qu'il importe de refuser livraison.

Transports par eau. — Les transports par eau ne sont possibles que dans certains cas et alors les conditions sont traitées de gré à gré avec les entrepreneurs. Il n'y a de sérieux avantages à recourir à ces moyens que pour des quantités considérables et lorsqu'on a du temps devant soi, car, sur les voies d'eau, le temps nécessaire au transport peut varier beaucoup.

Suppression du plâtre. — On nous a souvent demandé, dans le but de réduire les frais de transport, s'il ne nous serait pas possible de supprimer le plâtre ou sulfate de chaux qui entre dans la composition de nos engrais préparés. Dans bien des cas on trouve du plâtre facilement et il peut y avoir un avantage à économiser les frais d'emballage et de transport afférents à ce produit de peu de valeur.

Nous avons dit précédemment que le plâtre, mélangé aux autres produits, possède la propriété de les dessécher en s'emparant de l'humidité qu'ils contiennent et la faisant passer à l'état solide. Il est difficile dès lors de faire des mélanges dans lesquels entrent des matières hygroscopiques telles que les superphosphates et le nitrate de soude sans y introduire une certaine quantité de plâtre cuit, mais la dose peut être réduite beaucoup au-dessous de celle qui est indiquée dans la plupart des formules.

Nous préparerons donc à l'avenir pour toutes les personnes qui nous en feront la demande, des engrais à dose de plâtre réduite au minimum. On peut de cette façon diminuer d'un sixième et même d'un cinquième les frais de transport à la condition toutefois de rajouter sur les lieux le sulfate de chaux supprimé. Cette indication est surtout importante pour les régions du midi.

Camionnages.

Pour être expédiées par fer, les marchandises doivent subir un transport par camionnage de notre usine aux gares d'expédition. Nous nous chargeons de ces transports pour le compte de nos correspondants aux prix suivants :

Pour les envois de	1 à	50 kilog.	.	1	»
d°	51	100 d°	.	1	50
d°	101	500 d°	.	2	»
d°	500	1000 d°	.	2	50

Au-dessus de 1000 kil., 0 fr. 25 par 100 kil.

Emballages.

Tous nos engrais sont livrés en sacs plombés contenant chacun 100 k. net. Ces sacs sont facturés par nous à raison de 1 fr. pièce. Nous les reprenons pour 0,50 c. toutes les fois qu'ils nous sont retournés franco et en bon état. La plupart des Compagnies de chemins de fer les acceptent gratuitement pendant un délai d'un mois à partir de la réception de la marchandise et sur présentation de la lettre de voiture qui les accompagnait à l'arrivée.

Conditions de paiement.

Les prix de nos engrais variant nécessairement avec le cours des matières premières, nous ne pouvons joindre notre tarif à ce petit guide. Nous en faisons l'objet d'une publication spéciale renouvelée aussi souvent que l'exige l'état du marché. Les prix qui y sont indiqués sont établis en vue d'un paiement à 30 jours sans escompte. Nous accordons aux acheteurs qui nous en font la demande 60 et 90 jours de terme, mais en les débitant de l'intérêt à 6 0/0 l'an pour le mois ou les deux mois qui suivent les 30 premiers jours à partir de la livraison.

Nous nous couvrons de nos factures par des traites à 30, 60 ou 90 jours sur nos correspondants. Pour éviter toute fausse manœuvre nous prions les personnes qui désirent employer un autre mode de paiement de nous l'indiquer en nous adressant leurs commandes.

Renseignements. — Résultats.

Nous nous tenons sans cesse à la disposition de nos clients pour tous les renseignements techniques ou commerciaux dont ils pourraient avoir besoin pour l'emploi des engrais chimiques. Nous les prions en échange de vouloir bien nous faire part de leurs observations et surtout des résultats obtenus. C'est par la comparaison et la discussion de ces résultats que nous parviendrons à arrêter de plus en plus les bases des applications pratiques des nouvelles méthodes. Grâce à eux, nos conseils et nos publications deviendront une sorte d'enseignement mutuel des agriculteurs par eux-mêmes dont nous ne serons que les intermédiaires. Tel est le caractère que nous aspirons surtout à leur donner.

FIN

TABLE DES MATIÈRES

Paris, Imp. DORELLON — Amiens, Typ. CAILLAUX.

REPRODUCTION TEXTUELLE

Paris. — Imp. A. Wittersheim et Cie, quai Voltaire, 31.

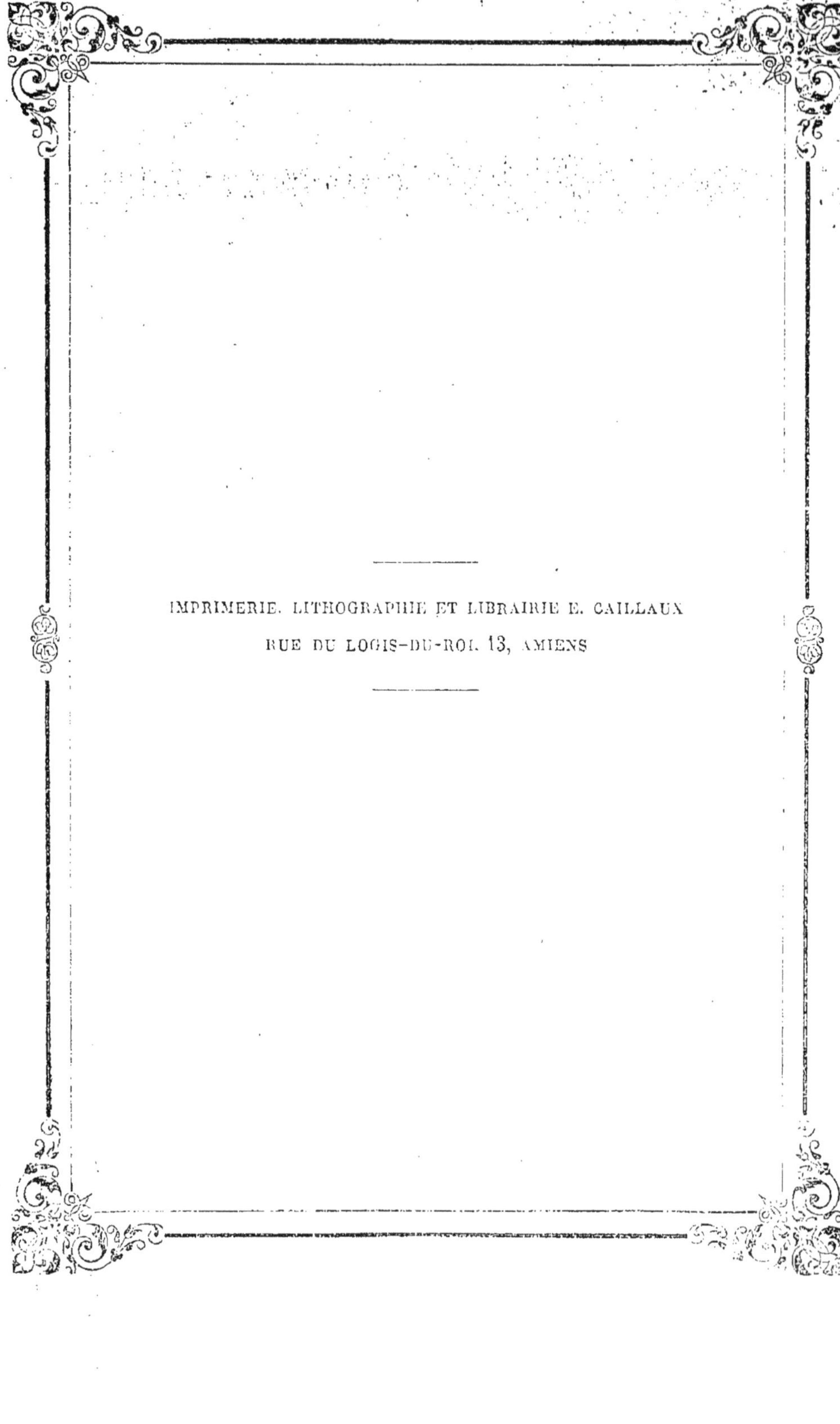

IMPRIMERIE, LITHOGRAPHIE ET LIBRAIRIE E. CAILLAUX
RUE DU LOGIS-DU-ROI, 13, AMIENS

www.ingramcontent.com/pod-product-compliance
Ingram Content Group UK Ltd.
Pitfield, Milton Keynes, MK11 3LW, UK
UKHW031051260726
13965UKWH00006B/1343